工业和信息化精品系列教材

网络技术

Network Technique

微课版

Windows Server

网络操作系统

项目教程

（Windows Server 2019）

崔升广 ◉ 主编

于淼 杨玲 常明迪 孟亚静 ◉ 副主编

人民邮电出版社

北 京

图书在版编目（CIP）数据

Windows Server网络操作系统项目教程：Windows Server 2019：微课版 / 崔升广主编. -- 北京 ：人民邮电出版社，2023.4
工业和信息化精品系列教材. 网络技术
ISBN 978-7-115-61225-0

Ⅰ. ①W… Ⅱ. ①崔… Ⅲ. ①Windows操作系统－网络服务器－教材 Ⅳ. ①TP316.86

中国国家版本馆CIP数据核字(2023)第033486号

内 容 提 要

　　根据高等教育的培养目标、培养特点和培养要求，本书由浅入深、全面系统地讲解 Windows Server 2019 网络操作系统的基本知识和各种网络服务器的配置与管理。全书共 11 章，内容包括认识网络操作系统、活动目录配置管理、用户账户和组管理、文件系统与磁盘配置管理、DNS 服务器配置管理、DHCP 服务器配置管理、Web 与 FTP 服务器配置管理、VPN 服务器配置管理、NAT 服务器配置管理、CA 服务器配置管理、远程桌面服务。为了让读者更好地巩固所学知识，每章末尾都配备了课后实训和课后习题，方便读者及时检查学习效果。

　　本书可作为高校计算机专业相关课程的教材，也可作为计算机网络培训教材和计算机网络爱好者的自学参考书。

◆ 主　　编　崔升广
　　副主编　于　淼　杨　玲　常明迪　孟亚静
　　责任编辑　郭　雯
　　责任印制　王　郁　焦志炜

◆ 人民邮电出版社出版发行　　北京市丰台区成寿寺路 11 号
　　邮编　100164　电子邮件　315@ptpress.com.cn
　　网址　https://www.ptpress.com.cn
　　北京市艺辉印刷有限公司印刷

◆ 开本：787×1092　1/16
　　印张：16.25　　　　　　　　2023 年 4 月第 1 版
　　字数：470 千字　　　　　　　2023 年 4 月北京第 1 次印刷

定价：59.80 元

读者服务热线：(010)81055256　印装质量热线：(010)81055316
反盗版热线：(010)81055315
广告经营许可证：京东市监广登字 20170147 号

前言 FOREWORD

随着计算机网络技术的不断发展,计算机网络已经成为人们生活、工作的重要组成部分,以网络为核心的工作方式,必将成为未来的发展趋势。培养大批熟练掌握网络技术的人才是当前社会发展的迫切需求。党的二十大报告提出:教育、科技、人才是全面建设社会主义现代化国家的基础性、战略性支撑。我国主动顺应信息革命时代浪潮,以信息化培育新动能,用数字新动能推动新发展,数字技术不断创造新的可能。

在高等教育中,网络操作系统已经成为计算机网络专业的一门重要专业课。由于 Internet 飞速发展,人们越来越重视网络操作系统服务器的配置与管理,本书作为一本重要的专业课程教材,与时俱进,涵盖的知识面与技术面广,可以让读者学到前沿且实用的技术,为以后工作储备基础知识。本书使用 Windows Server 2019 搭建网络实训环境。本书在介绍相关理论与技术原理的同时,搭配大量的项目配置案例,以达到理论与实践相结合的教学目的。

本书融入了编者丰富的教学经验,从网络操作系统初学者的视角出发,采用"教、学、做一体化"的教学方法,是一本培养应用型人才的教学与训练教材。本书以实际项目转化的案例为主线,以"学做合一"的理念为指导,在完成技术讲解的同时,对读者提出了相应的自学要求。读者在学习本书的过程中,不仅能够快速完成对入门基本技术的学习,还能够进行实际项目的开发。

本书主要特点如下。

(1)内容丰富、技术新颖、图文并茂、通俗易懂,具有很强的实用性。

(2)内容组织合理、有效。本书按照由浅入深的顺序,在逐渐丰富系统功能的同时,引入相关技术与知识,实现技术讲解与训练的合二为一,有助于"教、学、做一体化"教学方法的实施。

(3)内容充实、实用,实际项目开发与理论教学紧密结合。本书的训练紧紧围绕着实际项目进行,为了使读者快速地掌握相关技术并按实际项目开发要求进行熟练运用,本书在重要知识点后面会根据实际项目设计相关配置案例,并对项目功能实现、配置过程等进行详细讲解。

为方便读者使用,书中全部课程资源均免费赠送给读者,读者可登录人邮教育社区(www.ryjiaoyu.com)下载。

本书由崔升广任主编,于淼、杨玲、常明迪、孟亚静任副主编,崔升广编写第 1 章~第 9 章,于淼、杨玲、常明迪、孟亚静编写第 10 章至第 11 章,崔升广负责全书的统稿和定稿。

由于编者水平有限,书中不妥之处在所难免,殷切希望广大读者批评指正。同时,恳请读者在发现不妥之处后,于百忙之中及时与编者联系,以便尽快更正,编者将不胜感激。联系方式为人邮教师服务 QQ 群(群号:159528354)。

编 者

2023 年 3 月

目录 CONTENTS

第1章
认识网络操作系统

本章主要讲解网络操作系统的基本概念、典型的网络操作系统和技能实践，包括网络操作系统简介、网络操作系统的基本功能、网络操作系统的发展、网络操作系统的选用原则、常见的网络操作系统、Windows Server 2019简介、虚拟机安装、Windows Server 2019安装、系统克隆与快照管理以及系统基本配置管理等内容。

【知识目标】

- 了解网络操作系统的基本概念。
- 掌握网络操作系统的选用原则。
- 了解常见的网络操作系统的特点。
- 掌握Windows Server 2019的特性。

【能力目标】

- 掌握虚拟机及Windows Server 2019的安装方法。
- 掌握系统克隆与快照管理的方法。
- 掌握系统基本配置管理的方法。

【素养目标】

- 加强爱国主义教育，弘扬爱国精神与工匠精神。
- 培养自我学习的能力和习惯。
- 树立团队互助、合作进取的意识。

1.1 网络操作系统的基本概念

网络操作系统是一种能代替操作系统的软件程序，是网络的"心脏"和"灵魂"，是向网络计算机提供服务的特殊操作系统。

1.1.1 网络操作系统简介

操作系统（Operating System，OS）是管理计算机硬件与软件资源的计算机程序。操作系统需要处理如管理与配置内存、决定系统资源供需的优先次序、

V1-1 网络操作系统简介

控制输入设备与输出设备、操作网络与管理文件系统等基本事务，且操作系统需要提供一个让用户与系统进行交互的操作界面。在计算机中，操作系统是最基本也是最重要的基础性系统软件。从计算机用户的角度来说，计算机操作系统的功能体现为其提供的各项服务；从开发人员的角度来说，计算机操作系统的功能主要体现为用户登录的界面或者接口；从设计人员的角度来说，计算机操作系统的功能体现为各式各样的模块和单元之间的联系。事实上，操作系统的设计和改良的关键是体系结构的设计，经过几十年的发展，计算机操作系统已经由一开始的简单控制循环体发展成较为复杂的分布式操作系统，再加上计算机用户需求的多样化，计算机操作系统已经成为既复杂又庞大的计算机软件系统之一。

操作系统是计算机软件系统的重要组成部分，它是计算机与用户之间的接口，单机操作系统主要有以下基本特点。

（1）由一些程序模块组成，其功能是管理和控制计算机系统中的硬件及软件资源。

（2）合理地组织计算机的工作流程，以便有效地利用这些资源为用户提供一个功能强、使用方便的工作环境。

（3）只为本地用户服务，无法满足网络环境的要求。

程序员需要在操作系统中建立各种进程，编制不同的功能模块，按层次结构将功能模块有机地组织起来，以实现处理器管理、作业管理、存储管理、文件管理和设备管理等功能。但是单机操作系统只能为本地用户提供使用本机资源的服务，不能满足开放网络环境的要求。如果用户的计算机已经连接到一个局域网（Local Area Network，LAN）中，但是没有安装网络操作系统，那么这台计算机也不能提供任何网络服务。联网的计算机系统不仅要为使用本地资源和网络资源的用户提供服务，还要为远程网络用户提供服务。因此网络操作系统的基本任务是屏蔽本地资源的差异性，为用户提供各种基本网络服务功能，完成对网络共享系统资源的管理，并提供网络操作系统的服务等。

1. 网络操作系统的定义

网络操作系统（Network Operating System，NOS）是使网络中各计算机能够方便而有效地共享网络资源，并为网络用户提供共享资源管理服务和其他网络服务的各种软件与协议的集合。网络操作系统除了能实现单机操作系统的全部功能外，还可以向网络计算机提供服务。通常，计算机的操作系统中会安装很多网络软件，包括网络协议软件、网络通信软件和网络操作系统等。网络协议软件主要是指物理层和链路层的一些接口的约定，即各种硬件和软件必须遵循的共同规则，网络通信软件则负责管理各计算机之间的信息传输。

网络操作系统与一般单机操作系统的不同之处在于提供的服务有差别。一般来说，网络操作系统侧重于优化"与网络活动相关的特性"，即通过网络来管理诸如共享数据文件、软件应用和外部设备之类的资源。单机操作系统则侧重于优化用户与系统的接口，以及在其上运行的各种应用程序。因此，网络操作系统实质上是管理所有网络资源的一种程序。网络操作系统管理的资源有工作站访问的文件系统、在网络操作系统中运行的各种共享应用程序、共享网络设备的输入/输出信息、网络操作系统进程间的服务调度等。

2. 网络操作系统的特点

网络操作系统除了具有一般操作系统的特性外，还具有自己的特点，通常具有复杂性、并行性、高效性和安全性等特点，一个典型的网络操作系统一般具有如下特点。

（1）支持多任务、多用户管理。网络操作系统在同一时间能够处理多个应用程序，每个应用程序在不同的内存空间运行。网络操作系统能同时支持多个用户对网络的访问，在多用户环境下，网络操作系统给应用程序和数据文件提供足够的、标准化的保护。网络操作系统能够支持多用户共享网络资源，包括磁盘处理、打印机处理、网络通信处理等面向用户的处理程序和多用户的系统核心调用程序。

（2）支持大内存。网络操作系统支持较大的物理内存，以便应用程序更好地运行。

（3）支持对称多处理。网络操作系统支持多个中央处理器（Central Processing Unit，CPU），减少了事务处理时间，提高了操作系统的性能。

（4）支持网络负载平衡。网络操作系统能够与其他计算机一起构成一个虚拟系统，满足多用户访问的需要。

（5）支持远程网络管理。网络操作系统能够支持用户通过 Internet 进行远程管理和维护，如 Windows Server 2019 操作系统的终端服务；支持网络应用程序及其管理功能，如系统备份、安全管理、容错和性能控制等。

（6）硬件系统无关性。网络操作系统可以在不同的网络硬件上运行。以网络中常用的联网设备——网络接口卡来说，一般网络操作系统支持多种类型的网络接口卡，如 D-Link、Intel、3Com 以及其他厂家生产的以太网卡或令牌环网卡等。不同的硬件设备可以构成不同的拓扑结构，如总线型、环形、网状，网络操作系统应独立于网络的拓扑结构。

（7）提供存取控制。网络操作系统可对用户资源进行控制，并提供控制用户访问网络的方式。

（8）图形化用户界面。网络操作系统会为用户提供丰富的界面功能，支持多种网络控制方式。

（9）互操作性。这是网络工业的一种潮流趋势，允许多种操作系统厂商的产品共享相同的网络电缆系统，并且彼此可以连通访问。

（10）提供目录服务。这是一种以单一逻辑的方式访问可能位于全球范围内的所有网络服务和资源的技术。无论用户身在何处，只需要通过一次登录就可以访问所有网络服务和资源。

（11）高可靠性。网络操作系统是运行在网络核心设备（如服务器）上的管理网络并提供服务的关键软件，它必须能够保证 365 天、每天 24 小时不间断地工作。如果由于某些情况系统总是崩溃或停止服务，用户是无法忍受的，因此，网络操作系统必须具有高可靠性。

（12）安全性。为了保证系统和系统资源的安全性、可用性，网络操作系统往往集成了用户权限管理、资源管理等功能。例如，为每种资源都定义自己的存取控制表，定义各个用户对某个资源的存取权限，并使用用户安全标识符（Security Identifiers，SID）来唯一标识用户。

（13）容错性。网络操作系统能提供多级系统容错能力，包括日志式的容错特征列表、可恢复文件系统、磁盘镜像、磁盘备用扇区以及对不间断电源（Uninterruptible Power Supply，UPS）设备的支持。强大的容错性是系统稳定运行的保障。

（14）可移植性和可伸缩性。网络操作系统一般支持广泛的硬件产品，不仅支持 Intel 系列处理器，还可运行在精简指令集计算机芯片上。网络操作系统往往还支持多处理器技术，如支持的处理器个数从 1 到 32 不等或者更多，所以它具有很好的可伸缩性。

（15）支持 Internet 与开放性。Internet 已经成为网络的一个总称，网络的范围与专用性越来越模糊，专用网络与 Internet 网络标准日趋统一。因此，各品牌的网络操作系统都集成了许多标准化应用，如 Web 服务、FTP 服务等，各种类型的网络几乎都连接到了 Internet 上，对内、对外均按 Internet 标准提供服务。只有保证系统的开放性和标准性，使系统具有良好的兼容性、可移植性、可维护性等，厂商们才能在竞争激烈的市场中生存。

1.1.2 网络操作系统的基本功能

操作系统的功能通常包括处理器管理、存储器管理、设备管理和文件管理，以及为方便用户使用操作系统而向用户提供接口。网络操作系统除了提供上述资源管理功能和用户接口外，还提供网络环境下的通信、网络资源管理、网络应用

V1-2 网络操作
系统的基本功能

等特定功能。它能够协调网络中各种设备的动作，向用户提供尽量多的网络资源，包括文件和打印机、传真机等外围设备，并确保网络中数据和设备的安全性。网络操作系统具有如下几方面的功能和服务。

1．共享资源管理

网络操作系统能够对网络中的共享资源（硬件和软件）实施有效的管理，协调用户对共享资源的使用，并保证共享数据的安全性和一致性。

2．网络通信

网络通信是网络操作系统的基本功能，其任务是在源主机和目的主机之间实现无差错的数据传输。为此，网络操作系统采用标准的网络通信协议实现以下几方面的主要功能。

（1）建立和拆除通信链路。在需要通信时为通信双方建立一条暂时性的通信链路，通信结束后将该链路拆除。

（2）传输控制。对传输过程中的数据进行必要的控制。

（3）路由选择。为所传输的数据选择一条合适的传输路径。

（4）流量控制。控制传输过程中的数据流量。

（5）差错控制。对传输过程中的数据进行差错检测和纠正。

网络操作系统提供的通信服务主要有工作站与工作站之间的对等通信、工作站与主机之间的通信等。

3．网络服务

网络操作系统在前两个功能的基础上为用户提供了多种有效的网络服务，如 Web 服务、电子邮件服务、文件传输服务、共享磁盘服务和共享打印服务。

4．网络管理

网络管理最主要的任务是安全管理，一般通过存取控制来确保存取数据的安全性，通过容错技术来保证系统发生故障时数据能够安全恢复。此外，网络操作系统提供了丰富的网络管理服务工具，可以提供网络性能分析、网络状态监控、存储管理等多种管理服务，并对使用情况进行统计，以便为提高网络性能、进行网络维护和计费等提供必要的信息。

5．互操作能力

在客户端/服务器模式的局域网环境下的互操作，是指连接在服务器上的多个客户端不仅能与服务器通信，还能以透明的方式访问服务器上的文件系统。在互联网环境下的互操作，是指不同网络间的客户端不仅能通信，还能以透明的方式访问其他网络的文件服务器。

6．文件服务

文件服务是网络操作系统中十分重要、基本的服务。文件服务器集中管理共享文件，为网络提供完整的数据、文件、目录服务。用户可以根据规定的权限对文件进行建立、打开、删除、读写等操作。

7．打印服务

打印服务也是网络操作系统提供的基本服务。共享打印服务可以通过设置专门的打印服务器来实现，打印服务器也可以由文件服务器或工作站兼任。局域网中可以设置一台或多台共享打印机，向网络用户提供远程共享打印服务。打印服务主要实现对用户打印请求的接收、打印格式的说明、打印队列的管理等功能。

8．分布式服务

网络操作系统的分布式服务将在不同地理位置的网络中的资源组织在一个全局性、可复制的分布式数据库中，网络中的多个服务器均有该数据库的副本。用户在一个工作站上注册便可与多个服务器进行连接。服务器资源的存放位置对用户来说是透明的，用户可以通过简单的操作访问大型局域网中的所有资源。

1.2 认识典型的网络操作系统

网络操作系统是用于管理网络的核心软件，目前网络操作系统已经得到了广泛应用，纵观几十年来的发展，网络操作系统经历了由对等结构向非对等结构的演变。

1.2.1 网络操作系统的发展

网络操作系统的发展经历了以下几个阶段。

V1-3 网络操作系统的发展

1. 对等结构网络操作系统

网络中的计算机平等地进行通信，联网计算机上的资源可相互共享。每一台计算机都负责提供自己的资源（文件、目录、应用程序、打印机等），供网络中的其他计算机使用。每一台计算机负责保证自己资源的安全。对等结构网络操作系统可以提供磁盘共享、打印机共享、CPU 共享、屏幕共享、电子邮件共享等服务。

对等结构网络操作系统的优点是结构简单，网络中任意两个节点均可直接通信。其缺点是每台联网计算机既是服务器又是工作站，节点承担了较重的通信管理、网络资源管理和网络服务管理等工作。对于早期资源较少、处理能力有限的微型计算机来说，要同时承担多项管理任务，势必会降低网络的整体性能。因此，对等结构网络操作系统支持的网络系统一般规模较小。

2. 非对等结构网络操作系统

网络节点分为服务器和工作站两类。服务器采用高配置、高性能的计算机，为工作站提供服务。而工作站一般为配置较低的个人计算机（Personal Computer，PC），为本地用户和网络用户提供资源服务。

非对等结构网络操作系统的软件分为两部分：一部分运行在服务器上，另一部分运行在工作站上。运行在服务器上的软件是非对等结构网络操作系统的核心部分，其性能的高低直接决定了网络服务功能的强弱。

3. 以共享硬盘为服务器的网络操作系统

早期的非对等结构网络操作系统以共享硬盘服务器为基础，向工作站用户提供共享硬盘、共享打印机、电子邮件、通信等基本服务。其效率较低，安全性也很差。

4. 基于文件服务器的网络操作系统

基于文件服务器的网络操作系统由文件服务器和工作站两部分组成。文件服务器具有分时系统文件管理的全部功能，并可向网络用户提供完善的数据、文件和目录服务。

初期开发的基于文件服务器的网络操作系统属于变形级系统。变形级系统是在单机操作系统的基础上，通过增加网络服务功能而形成的。

后期开发的基于文件服务器的网络操作系统都属于基础级系统。基础级系统是以计算机硬件为基础，根据网络服务的特殊要求，直接利用计算机硬件与少量软件资源专门设计的网络操作系统。基础级系统具有优越的网络性能，能提供很强的网络服务功能，目前大多数局域网系统采用了这类系统。

V1-4 网络操作系统的选用原则

1.2.2 网络操作系统的选用原则

网络操作系统对网络的应用、性能有着至关重要的影响。选择一个合适的网络操作系统，既能实现建设网络的目标，又能省钱、省力，提高系统运行的效率。

网络操作系统的选择要从网络应用出发，首先分析所设计的网络到底需要提供什么服务，其次分析各种网络操作系统提供这些服务的性能与特点，最后确定使用何种网络操作系统。网络操作系统的选用一般需遵循以下原则。

1. 标准化

网络操作系统的设计、提供的服务应符合国际标准，尽量减少使用企业专用标准，这有利于系统的升级和应用的迁移，能最大限度、最长时间地保障用户的投资。基于国际标准开发的网络操作系统可以保证异构网络的兼容性，即当一个网络中存在多个操作系统时，能够充分实现资源的共享和服务的互容。

2. 可靠性

网络操作系统是保证网络核心设备——服务器正常运行、提供关键任务服务的软件系统。它应具有健壮、可靠、容错性高等特点，能提供全天 24 小时不间断的服务。因此，选择技术先进、产品成熟、应用广泛的网络操作系统，可以保证其具有良好的可靠性。

3. 安全性

为使网络操作系统不易受到侵扰，应选择强大的、能提供各种级别安全管理的网络操作系统。各个网络操作系统都自带安全服务，例如 UNIX、Linux 网络操作系统提供了用户账号管理、文件系统权限和系统日志文件；NetWare 提供了 4 级安全系统，即登录安全、权限安全、属性安全和服务安全；Windows Server 2012/2016/2019 提供了用户账号管理、文件系统权限、Registry 保护、审核、性能监视等基本安全机制。

4. 网络应用服务的支持

网络操作系统应能提供全面的网络应用服务，如 Web 服务、FTP 服务、电子邮件服务等，并能良好地支持第三方应用系统，从而保证提供完整的网络应用。

5. 易用性

用户应选择易管理、易操作的网络操作系统，这样能提高管理效率，降低管理复杂性。现在有些用户对新技术十分敏感和好奇，在网络建设过程中往往会忽略对实际应用的要求，盲目追求新产品、新技术。计算机技术发展得极快，谁也不知道下一个 10 年计算机网络技术会发展成什么样。面对越来越火热的网络市场，不要盲目追求新技术、新产品，一定要从实际需求出发，建立一套既能真正满足当前实际应用需要，又能保证今后顺利升级的网络操作系统。

当然，Windows、Linux 和 UNIX 等网络操作系统具有许多共同点，同时又各具特色，被广泛应用于各种类型的网络环境下，并占有一定的市场份额。网络建设者应熟悉这几种网络操作系统的特征及优缺点，并根据实际的应用情况和网络用户的水平层次来选择合适的网络操作系统。选择时最重要的还是要和自己的网络环境结合起来，一般来说，中小型企业在网站建设中多选择 Windows Server 2012/2016/2019，它们简单易用，适用于技术维护力量较薄弱的网络环境；作为网站服务器和邮件服务器时多选用 Linux；而工业控制、生产企业、证券系统环境多选用 Novell NetWare；在对安全性要求很高的情况下，如金融、银行、军事等领域及大型企业网络，则推荐选用 UNIX。总之，选择网络操作系统时要充分考虑其可靠性、易用性、安全性及网络应用的需要。

1.2.3 常见的网络操作系统

随着计算机网络的飞速发展，市场上出现了多种网络操作系统，目前较常见的网络操作系统主要包括 Windows NT Server、NetWare、UNIX，还有发展势头强劲的 Linux 等。

1. Windows NT Server

1993 年 7 月，Windows NT 3.1 发布，其与磁盘操作系统（Disk Operating System，DOS）脱离，采用了很多新技术，并具有很强的联网功能，但它对硬件资源的要求较高，网络功能明显不足。

1994 年 9 月，Windows NT 3.5 发布，它在 Windows NT 3.1 的基础上进行了改进，降低了对硬件资源的要求，增加了与 UNIX 和 NetWare 等的连接与集成。

1996 年 7 月，Windows NT 4.0 发布，它在网络性能、网络安全性与网络管理以及支持 Internet 等方面有了质的飞跃。Windows NT 操作系统提供了两套软件包，分别是 Windows NT Workstation 和 Windows NT Server。

Windows NT Workstation 是 Windows NT 的工作站版本，它是功能非常强大的标准 32 位桌面操作系统，不仅高效、易用，还与 PC 兼容，可以满足用户的各种需要。

Windows NT Server 则是 Windows NT 的服务器版本，它为许多重要的商务应用程序提供了一切必要的服务，包括高效、可靠的数据库，TBM SNA 主机连接，消息和系统管理服务等。

Windows NT Server 是一个功能强大、可靠性高并可进行扩充的网络操作系统，同时结合了 Windows 的许多优点。总的来说，它的特点主要体现在以下几个方面。

（1）内置的网络功能。通常网络操作系统是在传统的操作系统上附加网络软件形成的。但是 Windows NT Server 把网络功能融合到操作系统中，并将其作为输入/输出系统的一部分。

（2）内置的管理功能。网络管理员可以使用 Windows NT Server 内部的安全保密机制，完成对每个文件设置不同的访问权限以及规定用户对服务器的操作权限等任务。

（3）良好的用户界面。Windows NT Server 采用全图形化的用户界面，用户可以方便地通过鼠标进行操作。

（4）组网简单、管理方便。利用 Windows NT Server 来组建和管理局域网非常简单，基本不需要学习太多的网络知识，很适合普通用户使用。

（5）开放的体系结构，支持多处理器。

2. NetWare

20 世纪 80 年代初，Novell 公司开发出了一种高性能的局域网——Novell 网，紧接着又推出了 NetWare。NetWare 不仅是 Novell 网的操作系统，还是 Novell 网的核心。

NetWare 的发展起源于 1981 年，Novell 公司首次提出了 LAN 文件服务器的概念。1983 年，基于 Motorola MC68000（操作系统为 CP/M）的网络操作系统 Novell SHARE-NET 发布；1984 年，NetWare 1.0 发布，它是以 DOS 为环境的网络操作系统；1985 年，Advanced NetWare 1.X 发布，该版本增加了多任务处理功能，完善了底层协议，并支持基于不同网卡的节点互连；1986 年，Advanced NetWare 2.0 发布，该版本扩充了虚拟内存工作方式，且内存寻址突破 640KB；1987 年，NetWare 2.1 发布，该版本在 NetWare 文件服务器上增加了系统容错（System Fault Tolerance，SFT）机制，包括热修复、磁盘镜像和磁盘双工等特性；1990 年，NetWare 3.1 发布，该版本在网络整体性能、系统的可靠性、网络管理和应用开发平台等方面得到了增强；1993 年，NetWare 4.0 发布，该版本在 3.11 的基础上增加了目录服务和磁盘文件压缩功能，具有良好的可靠性、易用性、可伸缩性和灵活性；2000 年，NetWare 5.0 发布，其更大程度地支持并加强了 Internet、Intranet 以及数据库的应用与服务。

NetWare 是以文件服务器为中心的操作系统，它主要由以下 3 个部分组成。

（1）文件服务器。文件服务器实现了 NetWare 的核心协议——网络控制协议（Network Control Protocol，NCP），并提供了 NetWare 的所有核心服务。文件服务器主要负责处理网络工作站的网络服务请求，并提供运行软件和维护网络操作系统所需要的基本功能。

（2）工作站软件。工作站软件是指在工作站上运行的，能把工作站与网络连接起来的应用程序，它与工作站中的操作系统一起驻留在用户工作站中，建立起用户的应用环境。工作站软件的主要任务是确定来自程序或用户的请求是工作站请求还是网络请求，并做出相应的处理。

（3）底层通信协议。服务器与工作站之间的连接是通过网络适配器、通信软件和传输介质实现的。NetWare 的底层通信协议包含在通信软件中，功能是在网络服务器与工作站、工作站与工作站之间建立通信连接时提供网络服务。

NetWare 的特点如下。

（1）支持多种用户类型。在 NetWare 中，网络用户可以分为网络管理员、组管理员、网络操作员、普通网络用户 4 类。

（2）强有力的文件系统。NetWare 中有一个或一个以上的文件服务器。NetWare 文件系统通过目录文件结构组织文件。文件服务器对网络文件访问进行集中、高效的管理。

（3）先进的磁盘通道技术。NetWare 文件系统采用了多路磁盘处理技术和高速缓冲算法来加快磁盘通道的访问速度，有效地加快了多个站点访问服务器磁盘的响应速度。另外，NetWare 还采用了目录 Cache、目录 Hash、文件 Cache、后台写盘、多磁盘通道等磁盘访问机制来提高磁盘通道的总吞吐量。

（4）高安全性。NetWare 提供了 4 种安全保密措施：注册安全性、权限安全性、属性安全性和文件服务器安全性。这些安全保密措施可以单独使用，也可以混合使用。

（5）开放式的系统体系结构。NetWare 使用了开放性协议技术（Open Protocol Technology，OPT），允许各种协议的结合，支持多种操作系统，使各类工作站可与公共服务器通信。

3．UNIX

1969 年，肯·汤普森（K. Thompson）在贝尔实验室首先用汇编语言在 PDP-7 机器上实现了 UNIX 操作系统。不久后，UNIX 又被人们用 C 语言进行了重写。1976 年和 1978 年分别发布了 UNIX V.6 和 UNIX V.7，并正式向美国各大学及研究机构提供了 UNIX 的源代码，以鼓励他们对 UNIX 进行改进，从而促进了 UNIX 的迅速发展。1982 年和 1983 年先后推出了 UNIX System III 和 UNIX System V，1984 年推出了 UNIX System V2.0，1987 年发布了其 3.0 版本，分别简称为 UNIX SVR 2 和 UNIX SVR 3，1989 年发布了 UNIX SVR 4。UNIX 不是网络操作系统，但它支持通信功能，并提供一些大型服务器的操作系统的功能，因此人们通常将它作为网络操作系统来使用。

早期的 UNIX 用于小型计算机，以替代一些专用操作系统。在这些操作系统中，UNIX 作为一个多用户、多任务操作系统运行，应用软件和数据集中在一起。经过不断发展，UNIX 已成为可移植的操作系统，能运行在各种计算机上，包括大型主机和巨型计算机。

UNIX 的出现大大推动了计算机系统及软件技术的发展，UNIX 能获得如此巨大的成功，原因是它具有以下基本特点。

（1）多用户、多任务环境。UNIX 是一个多用户、多任务的操作系统，它不仅支持数十个乃至数百个用户通过其各自的联机终端同时使用一台计算机，还允许每个用户同时执行多个任务。

（2）功能强大、实现高效。UNIX 的许多功能在实现上都有其独到之处，并且十分高效。其内部丰富的系统功能能方便、快速地完成其他许多系统难以实现的操作。

（3）具有很好的可移植性。UNIX 是可移植性极好的操作系统，它不仅能广泛地配置在微型机、中型机、大型机等各种机器上，还能方便地对已配置 UNIX 的机器进行联网。

（4）丰富的网络功能。各种 UNIX 版本普遍支持 TCP/IP，且 UNIX 中包括了网络文件系统（Network File System，NFS）软件，客户端/服务器协议软件（Client/Server Protocol Software），

IPX/SPX 软件等。通过这些产品可以实现 UNIX 之间、UNIX 与 NetWare 或 Windows NT 的互连。

（5）强大的系统管理器和进程资源管理器。UNIX 的核心系统配置和管理是由系统管理器（System Administration Manager，SAM）来实施的。利用 SAM 可以大大简化操作步骤，从而显著提高系统管理的效率。而进程资源管理器可以让系统管理员动态地将可用的 CPU 周期和内存的最少百分比分配给指定的用户群及一些进程，从而为系统管理提供额外的灵活性。

4. Linux

回顾 Linux 的发展历史，可以说 Linux 是"踩着巨人的肩膀"逐步发展起来的，Linux 在很大程度上借鉴了 UNIX 的成功经验，继承并发展了 UNIX 的优良传统。Linux 具有开源的特性，因此一经推出便得到了广大操作系统开发爱好者的积极响应与支持，这也是 Linux 迅速发展的关键因素之一。

（1）Linux 简介

Linux 是一种类 UNIX 的操作系统，Linux 来源于 UNIX，是 UNIX 在计算机上的完整实现。UNIX 是 1969 年由肯·汤普森在贝尔实验室开发的一种操作系统，1972 年，其与丹尼斯·里奇（D. Ritchie）一起用 C 语言重写了 UNIX，大幅提高了 UNIX 的可移植性。UNIX 具有良好而稳定的性能，因此在计算机领域中得到了广泛应用。

由于美国电话电报公司的政策改变，在 Version 7 UNIX 推出之后，其发布了新的使用条款，将 UNIX 源代码私有化，大学不能再使用 UNIX 源代码。1987 年，荷兰的阿姆斯特丹自由大学计算机科学系的安德鲁·塔能鲍姆（A. Tanenbaum）教授为了能在课堂上教授学生操作系统运作的实务细节，决定在不使用任何美国电话电报公司的源代码的前提下，自行开发与 UNIX 兼容的操作系统，以避免版权上的争议。他以小型 UNIX（mini-UNIX）之意将此操作系统命名为 MINIX。MINIX 是一种基于微内核架构的类 UNIX 操作系统，除了启动的部分用汇编语言编写以外，其他大部分是用 C 语言编写的，其内核系统分为内核、内存管理及文件管理 3 部分。

MINIX 有名的学生用户是李纳斯·托沃兹（L. Torvalds），他在芬兰的赫尔辛基技术大学使用 MINIX 搭建了一个新的内核与 MINIX 相兼容的操作系统，1991 年 10 月 5 日，他在一台 FTP 服务器上发布了这个消息，将此操作系统命名为 Linux，这标志着 Linux 的诞生。在设计哲学上，Linux 和 MINIX 大相径庭，MINIX 在内核设计上采用微内核的原则，但 Linux 和原始的 UNIX 相同，都采用了宏内核的设计。

Linux 被完善并发布到互联网中，所有人都可以免费下载、使用它的源代码。Linux 的早期版本并没有考虑用户的使用，只提供了核心的框架，使得 Linux 开发人员可以享受编制内核的乐趣，这也促成了 Linux 内核的强大与稳定。随着互联网的发展与兴起，Linux 迅速发展，许多优秀的开发人员加入了 Linux 的编写行列之中，随着开发人员的增加和完整的操作系统基本软件的出现，Linux 的开发人员认识到 Linux 已经逐渐变成一个成熟的操作系统。1994 年 3 月，其内核 1.0 的推出，标志着 Linux 第一个版本的诞生。

Linux 的版权拥有者一开始要求所有的源代码必须公开，且任何人均不得从 Linux 交易中获利。然而，这种纯粹的自由软件理想对于 Linux 的普及和发展是不利的，于是 Linux 开始转向通用公共许可证（General Public License，GPL）项目，成为 GNU（GNU's Not UNIX）阵营中主要的一员，GNU 项目是理查德·斯托曼（R. Stallman）于 1984 年提出的，他建立了自由软件基金会，并提出 GNU 项目的目的是开发一种完全自由的、与 UNIX 类似但功能更强大的操作系统，以便为所有计算机用户提供一种功能齐全、性能良好的基本系统。

Linux 诞生之后发展迅速，一些机构和公司将 Linux 内核、源代码以及相关应用软件集成为一个完整的操作系统，便于用户安装和使用，从而形成 Linux 发行版本，这些发行版本不仅包括完整的 Linux，还包括文本编辑器、高级语言编译器等应用软件，以及 X-Windows 图形用户界面（Graphical User Interface，GUI）。Linux 在桌面应用、服务器平台、嵌入式应用等领域得到了良好发展，并形成了自己的产业环境，包括芯片制造商、硬件厂商、软件提供商等。Linux 具有完善的网络功能和较高的安全性，继承了 UNIX 卓越的稳定性，在全球各地的服务器平台市场上占有的份额不断增加。在高性能集群计算中，Linux 处于无可争议的霸主地位，在全球排名前 500 的高性能计算机系统中，Linux 占了 90%以上的份额。

互联网产业的迅猛发展，促使云计算、大数据产业形成并快速发展，使 Linux 占据了核心优势。Linux 基金会的研究结果表明，85%以上的企业已经在使用 Linux 进行云计算、大数据平台的构建。在物联网、嵌入式系统、移动终端等市场，Linux 也占据着较大的份额。在桌面领域，Windows 仍然是霸主，但是 Ubuntu、CentOS 等注重桌面体验的发行版本的不断进步，使得 Linux 在桌面领域的市场份额在逐步增加。Linux 凭借优秀的设计、不凡的性能，加上 IBM、Intel、CA、Core、Oracle 等国际知名企业的大力支持，市场份额逐步增加，逐渐成为主流操作系统之一。

（2）Linux 的体系结构

Windows 系列操作系统采用微内核结构、模块化设计，将对象分为用户模式层和内核模式层。用户模式层由一个组件（子系统）构成，将与内核模式组件有关的必要信息与其最终用户和应用程序隔离开来。内核模式层有权访问系统数据和硬件，能直接访问内存，并在被保护的内存区域中执行。

Linux 是采用单内核模式的操作系统，其内核代码结构紧凑、执行速度快。内核是 Linux 的主要部分，它可实现进程管理、内存管理、文件管理、设备驱动和网络管理等功能，为内核外的所有程序提供运行环境。

Linux 采用了分层结构，如图 1.1 所示。它包括 4 个层次，每层只能与相邻的层通信，层与层之间具有从上到下的依赖关系，靠上的层依赖靠下的层，但靠下的层并不依赖靠上的层，各层系统功能如下。

图 1.1　Linux 的分层结构

① 用户应用程序：位于整个系统的最顶层，是 Linux 上运行的应用程序的集合。常见的用户应用程序有多媒体处理应用程序、文字处理应用程序、网络应用程序等。

② 操作系统服务：位于用户应用程序与 Linux 内核之间，主要是指那些为用户提供服务且执行操作系统部分功能的程序，为应用程序提供系统内核的调用接口。窗口系统、Shell 命令解释系统、内核编程接口等就属于操作系统服务的子系统，这一部分也称为系统程序。

③ Linux 内核：靠近硬件的内核，即 Linux 常驻内存部分。Linux 内核是整个操作系统的核心，由它实现对硬件的抽象和访问调度。它为上层调用提供了一个统一的虚拟机器接口，在编写上层程序的时候不需要考虑计算机使用何种类型的硬件，也不需要考虑临界资源问题。每个上层进程执行时就像是计算机上的唯一进程一样，独占了系统的所有内存和其他硬件资源，但实际上系统可以同时运行多个进程，由 Linux 内核保证各进程对临界资源的安全使用。所有运行在内核上的程序可分为系统程序和用户程序两大类，但它们都运行在用户模式下，内核外的所有程序都必须通过系统调用才能进入操作系统的内核。

④ 硬件系统：包含 Linux 使用的所有物理设备，如 CPU、内存、硬盘和网络设备等。

（3）Linux 的版本

Linux 的标志是一只可爱的小企鹅，如图 1.2 所示。它寓意着开放和自由，这也是 Linux 的精髓。

Linux 是一种诞生于网络、成长于网络且成熟于网络的操作系统，其具有开源的特性，是基于 Copyleft（无版权）的软件模式进行发布的，Copyleft

图 1.2　Linux 的标志

是与 Copyright（版权所有）对立的新名称，这造就了 Linux 发行版本多样的格局。目前，Linux 已经有超过 300 个发行版本，被普遍使用的有以下几个。

① RedHat Linux

RedHat Linux（红帽 Linux）是现在著名的 Linux 版本，其不但创造了自己的品牌，还有越来越多的用户，2022 年 5 月 18 日，IBM 公司收购的 RedHat 公司宣布推出红帽企业 Linux 9 (RHEL 9)，这是世界领先的企业 Linux 平台的最新版本。RHEL 9 为支持混合云创新提供了更灵活、更稳定的基础。

② CentOS

社区企业操作系统（Community Enterprise Operating System，CentOS）是 Linux 发行版之一，它是基于 RedHat Enterprise Linux，依照开放源代码规定释出的源代码所编译而成的。由于出自同样的源代码，因此有些要求稳定性强的服务器会用 CentOS 代替 RedHat Enterprise Linux。两者的不同之处在于，CentOS 并不包含封闭源代码软件。

CentOS 完全免费，不存在 RedHat Enterprise Linux 需要序列号的问题。CentOS 独有的 yum 命令支持在线升级，可以即时更新系统，不像 RedHat Enterprise Linux 那样需要购买支持服务。CentOS 修正了许多 RedHat Enterprise Linux 的漏洞，在大规模的系统下也能够发挥很好的性能，能够提供可靠、稳定的运行环境。

③ Fedora

Fedora 是一个由 RedHat 赞助、Fedora 项目社区支持的独立 Linux 发行版。Fedora 包含在各种免费和开源许可下分发的软件。Fedora 是 RedHat Enterprise Linux 发行版的上游源。Fedora 作为开放的、创新的、具有前瞻性的操作系统，允许任何人自由使用、修改和重新发布，它由一个强大的社群开发，无论是现在还是将来，Fedora 社群的成员都将以自己的不懈努力，提供并维护自由、开放源代码的软件。

④ Mandrake

Mandrake 于 1998 年创立，它的目标是尽量让工作变得更简单。Mandrake 提供了一个优秀的图形安装界面，它的最新版本包含了许多 Linux 软件包。

作为 RedHat Linux 的一个分支，Mandrake 将自己定位在桌面市场的最佳 Linux 版本上。但其也支持服务器上的安装，且成绩还不错。Mandrake 的安装非常简单明了，为初级用户设置了简单的安装选项，还为磁盘分区制作了一个适合各类用户的简单图形用户界面。其软件包的选择非常标准，还有对应软件组和单个工具包的选项。安装完毕后，用户只需重启系统并登录即可。

⑤ Debian

Debian 诞生于 1993 年 8 月 13 日，它的目标是提供一个稳定、容错率高的 Linux 版本。支持 Debian 的不是某家公司，而是许多在其改进过程中投入了大量时间的开发人员，这种改进吸取了早期 Linux 的经验。

Debian 以稳定性强著称，虽然它的早期版本 Slink 有一些问题，但是它的现有版本 Potato 已经相当稳定了。现有版本更多地使用了可插拔认证模块（Pluggable Authentication Modules，PAM），综合了一些更易于处理的、需要认证的软件（如 Winbind for Samba）。

Debian 的安装完全是基于文本的，对于其本身来说这不是一件坏事，但对于初级用户来说却并不友好。因为它仅使用 fdisk 作为分区工具而没有自动分区功能，所以它的磁盘分区过程对于初级用户来说非常复杂。磁盘设置完毕后，软件工具包的选择通过一个名为 dselect 的工具实现，但它不向用户提供安装基本工具组（如开发工具）的简易设置步骤。此外，其需要使用 anXious 工具配置 Windows，这个过程与其他版本的 Windows 配置过程类似，完成这些配置后，即可使用 Debian。

⑥ Ubuntu

Ubuntu 是一个以桌面应用为主的 Linux 操作系统。Ubuntu 基于 Debian 发行版和 Unity 桌面环境，与 Debian 的不同之处在于，其每 6 个月会发布一个新版本。Ubuntu 的目标是为一般用户提供一个最新的、相当稳定的、主要由自由软件构建而成的操作系统。Ubuntu 具有庞大的社区力量，用户可以方便地从社区获得帮助。随着云计算的流行，Ubuntu 推出了一个云计算环境搭建的解决方案，可以在其官方网站找到相关信息。

（4）Linux 的特性

Linux 是目前发展十分迅速的操作系统，这与其具有的良好特性是分不开的。它包含了 UNIX 的全部功能和特性。Linux 作为一种免费、自由、开放的操作系统，具有高效、安全、稳定，支持多种硬件平台，用户界面友好，网络功能强大，支持多任务、多用户等特点。

① 开放性。Linux 遵循国际标准规范，特别是遵循开放系统互连（Open System Interconnection，OSI）国际标准，凡遵循国际标准所开发的硬件和软件都能彼此兼容，可方便地实现互连。另外，源代码开放的 Linux 是免费的，使 Linux 的获取非常方便，且使用 Linux 可节省成本。用户能控制源代码，即按照需求对部件进行配置，以及自定义系统安全设置等。

② 多用户。Linux 资源可以被不同用户使用，每个用户都对自己的资源（如文件、设备）有特定的权限，且互不影响。

③ 多任务。使用 Linux 的计算机可同时执行多个程序，而各个程序的运行相互独立。

④ 友好的用户界面。Linux 为用户提供了图形用户界面。它利用菜单、窗口、滚动条等元素，给用户呈现了一个直观、易操作、交互性强、友好的图形化界面。

⑤ 设备独立性强。Linux 将所有外围设备统一当作文件来看待，只要安装它们的驱动程序，任何用户都可以像使用文件一样操纵、使用这些设备，而不必知道它们的具体存在形式。Linux 是具有设备独立性的操作系统，它的内核具有很强的适应能力。

⑥ 提供了丰富的网络功能。Linux 是在 Internet 的基础上产生并发展起来的，因此，完善的内置网络是 Linux 的一大特点，Linux 支持 Internet、文件传输和远程访问等。

⑦ 可靠的安全系统。Linux 采取了许多安全技术措施，包括读写控制、带保护的子系统、审计跟踪、核心授权等，这为网络多用户环境中的用户提供了必要的安全保障。

⑧ 良好的可移植性。Linux 操作系统从一个平台转移到另一个平台时仍然能用其自身的方式运行。Linux 是一种可移植的操作系统，能够在从微型计算机到大型计算机的任何环境和任何平台上运行。

⑨ 支持多文件系统。Linux 可以把许多不同的文件系统以挂载的形式连接到本地主机上，包括 Ext2/3、FAT32、NTFS、OS/2 等文件系统，以及网络中其他计算机共享的文件系统等，是数据备份、同步、复制的良好平台。

1.2.4　Windows Server 2019简介

Windows Server 2019 是由微软（Microsoft）公司在 2018 年 11 月 13 日发布的服务器版操作系统，该系统是基于 Windows Server 2016 开发的，是对 Windows NT Server 的进一步拓展和延伸，是迄今为止 Windows 服务器体系中的重量级产品。Windows Server 2019 与 Windows 10 同宗同源，其提供了图形用户界面，具有大量与服务器相关的特性。Windows Server 2019 主要用于虚拟专用服务器（Virtual Private Server，VPS）或服务器，可用于架设网站或者提供各类网络服务。它具有四大重要特性：混合云（Hybrid）、安全（Security）、应用程序平台（Application Platform）和超融合基础架构（Hyper Converged Infrastructure，HCI）。该版操作系统将会作为下一个长期服务频道（Long-Term Servicing Channel，LTSC）为企业提供服务，同时新版本将继续提高安全性并提供比以往更强大的性能。

Windows Server 2019 拥有全新的图形用户界面、强大的管理工具、改进的 PowerShell 支持，以及在网络、存储和虚拟化方面的大量特性，且底层特意为云所设计，提供了创建私有云和公共云的基础设施。Windows Server 2019 规划了一套完备的虚拟化平台，不仅可以应对多工作负载、多应用程序、高强度和可伸缩的架构，还可以简单、快捷地进行平台管理。另外，它在保障数据和信息的高安全性、可靠性与省电、整合方面也进行了诸多改进。

1. Windows Server 2019 的特点

（1）超越虚拟化

Windows Server 2019 完全超越了虚拟化的概念，提供了一系列新增加的和改进的技术，极大地发挥了云计算的潜能，其中最大的亮点就是私有云的创建。在 Windows Server 2019 的开发过程中，对 Hyper-V 的功能与特性进行了大幅改进，从而使其能为企业提供动态的多租户基础架构，企业可在灵活的 IT 环境下部署私有云，并能动态响应不断变化的业务需求。

（2）功能强大、管理简单

Windows Server 2019 可帮助 IT 专业人员在对云进行优化的同时，提供高度可用、易于管理的多服务器平台，从而更快捷、更高效地满足业务需求，且可以通过基于软件的策略控制技术更好地管理系统，从而获得各类收益。

（3）跨越云端的应用体验

Windows Server 2019 是一套全面、可扩展，且适应性强的 Web 与应用程序平台，能为用户提供足够的灵活性，供用户在内部、云端、混合式环境下构建应用程序，并能使用一致的开放式工具。

（4）现代化的工作方式

Windows Server 2019 在设计上可以满足现代化工作风格的需求，帮助管理员使用智能且高效的方法提升企业环境下的用户生产力，尤其是涉及集中化桌面的场景。

2. Windows Server 2019 的版本

根据企业规模以及虚拟化和数据中心的要求，微软公司将 Windows Server 2019 分为 3 个版本，即 Windows Server 2019 Datacenter（数据中心版）、Windows Server 2019 Essentials（精华版）和 Windows Server 2019 Standard（标准版）。

（1）Windows Server 2019 Datacenter 用于特大型企业，专为高度虚拟化的基础架构设计，包括私有云和混合云环境。它提供 Windows Server 2019 可用的所有角色和功能。它为在相同硬件上运行的虚拟机提供了无限的基于虚拟机的许可证，它还包括受防护的虚拟机的改进、软件定义网络（Software Defined Network，SDN）的安全性、Windows Defender 高级威胁防护等功能。

（2）Windows Server 2019 Essentials 用于小型企业（最多 50 台设备）。它支持两个处理器内核和高达 64GB 的随机存取存储器（Random Access Memory，RAM），但不支持 Windows Server 2019 的许多功能，如虚拟化等。

（3）Windows Server 2019 Standard 用于一般企业。它提供了 Windows Server 2019 可用的许多角色和功能。它包括最多两个虚拟机的许可证，并支持安装 Nano 服务器。

3. Windows Server 2019 的特性

Windows Server 2019 的四大特性如下。

（1）混合云

Windows Server 2019 和 Windows Admin Center 让用户可以更加容易地将现有的本地环

境连接到 Microsoft Azure。使用 Windows Server 2019 的用户可以更加容易地使用 Azure 云服务（如 Azure Backup 和 Azure Site Recovery 等），且随着时间的推移，微软公司将支持更多服务。

（2）安全

保证安全仍然是微软公司的首要任务，从 Windows Server 2016 开始，微软公司就在推进新的安全功能，而 Windows Server 2019 的安全性就建立在其强大的基础之上，并与 Windows 10 共享了一些安全功能，如 Defender ATP for Server 和 Defender Exploit Guard 等。

（3）使用容器应用平台

随着开发人员和运营团队逐渐意识到在新模型中运营业务的好处，容器正变得越来越流行。除了在 Windows Server 2016 中所做的工作之外，微软公司将一些新技术都添加到了 Windows Server 2019 中，这些技术有 Linux Containers on Windows、Windows Subsystem for Linux 和对体量更小的 Container 的映像支持。

（4）超融合基础架构

如果考虑改进物理或主机服务器基础架构，就应该考虑使用超融合基础架构。这种新的部署模型允许将计算、存储和网络整合到相同的节点中，从而降低基础架构的搭建成本，同时获得更好的性能、可伸缩性和可靠性。

4. Windows Server 2019 的最低安装要求

如果计算机未达到运行 Windows Server 2019 的最低硬件要求，则将无法正确安装产品。实际要求将因系统配置和所安装应用程序及它们的功能而异。除非另有指定，否则这些最低硬件要求适用于所有安装选项（服务器核心和具有桌面体验的服务器）以及标准版和数据中心版。

（1）CPU

CPU 性能不仅取决于处理器的时钟频率，还取决于处理器的内核数以及处理器的缓存大小，以下是 Windows Server 2019 对 CPU 的最低要求。

① 1.4 GHz 64 位处理器。

② 与 x64 指令集兼容。

③ 支持禁止执行（No eXecute，NX）和数据执行保护（Data Execution Prevention，DEP）。

④ 支持汇编语言 CMPXCHG16b、LAHF/SAHF 和 PrefetchW。

⑤ 支持二级地址转换。

（2）RAM

Windows Server 2019 对 RAM 的最低要求是 512 MB（对于带桌面体验的服务器，要求为 2GB）。

当使用支持的最低硬件参数（1 个处理器核心，512 MB RAM）创建一台虚拟机，尝试在该虚拟机上安装 Windows Server 2019 时，会发现安装失败。为了解决这个问题，请执行下列操作之一。

① 向要安装 Windows Server 2019 的虚拟机分配 800MB 及以上的 RAM。在完成安装后，可以根据实际服务器配置更改 RAM 分配，最少分配量可为 512MB。如果使用其他语言或更新、修改安装程序的启动映像，则可能需要分配 800 MB 及以上的 RAM，否则无法完成安装。

② 使用"Shift+F10"组合键中断 Windows Server 2019 在虚拟机上的引导进程。在打开的"命令提示符"窗口中，使用 diskpart.exe 创建并格式化一个安装分区。运行 wpeutil create pagefile /path=C:\pf.sys（假设创建的安装分区为 C:\）命令，并关闭"命令提示符"窗口继续安装。

（3）存储控制器和磁盘空间窗口

运行 Windows Server 2019 的计算机必须包括符合高速外设部件互连（Peripheral Component

Interconnect Express，PCI Express）体系结构规范的存储适配器。32GB 是系统分区对磁盘空间的最低要求。

请注意，32GB 应视为确保成功安装的最低值。如果满足此最低值，则应该能够使用服务器核心安装选项安装包含 Web 服务、互联网信息服务（Internet Information Services，IIS）服务器角色的 Windows Server 2019。服务器核心模式下的服务器比使用具有桌面体验安装选项的相同服务器小 4GB 左右。如果通过网络安装系统，则内存超过 16GB 的计算机还需要为页面文件、休眠文件和转储文件分配额外的磁盘空间。

（4）网络适配器

与 Windows Server 2019 一起使用的网络适配器的最低要求如下。

① 以太网适配器的吞吐量至少为 1GB/s。

② 符合 PCI Express 体系结构规范。

5. Windows Server 版本生命周期策略

Windows Server 迁移到长期服务频道作为主要发布频道，需要注意的是频道中发布的容器和微服务创新现在将继续随 Azure Kubernetes 服务（AKS）、Azure Stack HCI 上的 AKS 以及与 Kubernetes 社区合作进行的其他平台改进一起发布。通过长期服务频道 Windows Server 的主要新版本将每 2～3 年发布一次，容器主机和容器映像有望保持这一节奏。Windows Server 版本生命周期策略如表 1.1 所示。

表 1.1   Windows Server 版本生命周期策略

Windows Server 版本	服务选项	版本	可用性	构建	主要支持结束日期	外延支持结束日期
Windows Server 2022	长期服务频道	Datacenter、Standard	2021-08-18	20341.169	2026-10-13	2031-10-14
Windows Server 20H2	半年频道	Datacenter、Standard	2020-10-20	19042.508	2022-05-10	不适用
Windows Server 1909	半年频道	Datacenter、Standard	2019-11-12	18363.418	服务终止	不适用
Windows Server 2019（版本 1809）	长期服务频道	Datacenter、Essentials、Standard	2018-11-13	17763.107	2024-01-09	2029-01-09
Windows Server 2016（版本 1607）	长期服务频道	Datacenter、Essentials、Standard	2016-10-15	14393.0	服务终止	2027-01-11

1.3 技能实践

Windows Server 2019 有多种安装方式，分别适用于不同的环境，选择合适的安装方式可以提高工作效率。除了全新安装外，还有升级安装、远程安装及服务器核心安装。

（1）全新安装利用包含 Windows Server 2019 的 U 盘来启动计算机，设置引导程序，并执行 U 盘中的安装程序。

（2）Windows Server 2019 的任何版本都不能在 32 位计算机上进行安装或升级，遗留的 32 位服务器要想运行 Windows Server 2019，必须升级到 64 位。Windows Server 2019 的升级过程可能存在一些软件限制，在这种情况下，需要卸载干净原版本再进行安装。

（3）如果网络中已经配置了 Windows 部署服务，则通过网络远程安装也是一种不错的选择，但需要注意的是采取这种方式时必须确保计算机网卡有预启动环境（Preboot eXecution Environment，PXE）芯片，支持远程启动功能，否则需要使用 rbfg.exe 程序生成启动 U 盘来启动计算机进行远程安装。在利用远程启动功能启动计算机的过程中，根据提示信息按引导键（一般为"F12"键），会显示当前计算机所使用的网卡的版本等信息，并启动网络服务引导。

（4）服务器核心安装是从 Windows Server 2008 开始推出的功能，确切地说，Windows Server 2019 的服务器核心是微软公司革命性的功能部件，是不具备图形用户界面的纯命令行服务器操作系统，只安装了部分应用和功能，因此会更加安全和可靠，同时降低了管理的复杂度。

在学习 Windows Server 2019 的过程中要借助虚拟机进行实验操作，本书选用 VMware Workstation 作为虚拟机进行 Windows Server 2019 的安装。

1.3.1 虚拟机安装

虚拟机软件有很多，本书选用 VMware Workstation，VMware Workstation 是一款市场占有率极高的虚拟机软件产品，相比 Oracle 公司的 Virtual Box，VMware Workstation 的功能更强大，支持的操作系统更全面。虚拟机是指由虚拟机软件模拟出来的一台计算机，在逻辑上是一台独立的计算机，VMware Workstation 可以在单一桌面上同时执行不同操作，并完成开发、调试、部署等工作。相对虚拟机而言，宿主机是物理存在的计算机。例如，在 Windows 10 的计算机上借助 VMware Workstation 配置安装一台 Windows Server 2019 虚拟机，那么该计算机将是该虚拟机的宿主机。

1. VMware Workstation 虚拟机简介

在计算机科学中，虚拟机是指可以像物理计算机一样运行程序的计算机软件，VMware Workstation 虚拟机是一款通过软件模拟的具有完整硬件系统功能的、运行在一个完全隔离环境下的完整计算机系统。通过 VMware Workstation 虚拟机，用户可以在一台物理计算机上模拟出一台或多台虚拟机，这些虚拟机完全像真正的计算机那样工作，例如，可以安装 Windows Server 2019、安装应用程序、访问网络资源等。对于用户而言，VMware Workstation 虚拟机只是运行在物理计算机上的一个应用程序，但是对于在 VMware Workstation 虚拟机中运行的应用程序而言，它就是一台真正的计算机。

VMware Workstation 虚拟机软件可以在计算机平台和终端用户之间建立一种环境，终端用户基于这个环境来操作软件。

当在虚拟机中进行软件测评时，操作系统可能一样会崩溃，但是崩溃的只是虚拟机上的操作系统，而不是物理计算机上的操作系统，且使用虚拟机的快照功能可以马上使虚拟机恢复到安装软件之前的状态。

VMware Workstation 的主要功能如下。

（1）不需要分区或重开机就能在同一台计算机中使用两种及以上的操作系统。

（2）完全隔离并保护不同操作系统的操作环境及所有安装在操作系统上的应用程序和资料。

（3）不同的操作系统之间可以进行互动操作，包括网络、周边设备、文件分享及复制粘贴功能。

（4）具有恢复功能、快照功能、复制功能。

（5）能够设定并随时修改操作系统的操作环境，如内存、磁盘空间、周边设备等。

2. VMware Workstation 虚拟机安装

VMware Workstation 虚拟机的安装步骤如下。

（1）下载 VMware-workstation-full-16.1.2-17966106，双击安装文件，进入 VMware 安装主界面，如图 1.3 所示。

（2）单击"下一步"按钮，进入"最终用户许可协议"界面，勾选"我接受许可协议中的条款"复选框，如图 1.4 所示。

图 1.3　VMware 安装主界面

图 1.4　"最终用户许可协议"界面

（3）单击"下一步"按钮，进入"自定义安装"界面，如图 1.5 所示。

（4）根据图 1.5 进行设置，单击"下一步"按钮，进入"用户体验设置"界面，如图 1.6 所示。

图 1.5　"自定义安装"界面

图 1.6　"用户体验设置"界面

（5）保留默认设置，单击"下一步"按钮，进入"快捷方式"界面，如图 1.7 所示。

（6）保留默认设置，单击"下一步"按钮，进入准备安装界面，如图 1.8 所示。

图 1.7　"快捷方式"界面

图 1.8　准备安装界面

（7）单击"安装"按钮，开始安装，进入正在安装界面，如图 1.9 所示。

（8）安装结束后，安装向导进入安装已完成界面，如图 1.10 所示。

图 1.9　正在安装界面　　　　　　　　　图 1.10　安装已完成界面

（9）单击"许可证"按钮，输入许可证密钥，进行注册认证，如图 1.11 所示。

（10）单击"输入"按钮，完成注册认证，弹出重新启动系统提示对话框，如图 1.12 所示，单击"是"按钮，完成 VMware 虚拟机的安装。

图 1.11　输入许可证密钥　　　　　　　图 1.12　重新启动系统提示对话框

1.3.2　Windows Server 2019 安装

安装网络操作系统时，计算机的 CPU 需要支持虚拟化技术（Virtualization Technology，VT）。VT 指的是让单台计算机能够分割出多个独立资源区，并让每个资源区按照需要模拟出系统的一种技术，可大大提高系统资源的利用率。

本书均以在 VMware 虚拟机下安装 Windows Server 2019 Datacenter 为实验环境平台，下载的镜像文件为"datacenter_windows_server_2019_x64_dvd_c1ffb46c.iso"。

（1）双击桌面上的"VMware Workstation Pro"图标，如图 1.13 所示，打开软件。

（2）启动后会打开"VMware Workstation"窗口，如图 1.14 所示。

图 1.13 "VMware Workstation Pro"图标

图 1.14 "VMware Workstation"窗口

（3）选择"创建新的虚拟机"选项，弹出"新建虚拟机向导"对话框，如图 1.15 所示。

（4）单击"典型（推荐）"单选按钮，单击"下一步"按钮，进入"安装客户机操作系统"界面，单击"稍后安装操作系统"单选按钮，如图 1.16 所示。

图 1.15 "新建虚拟机向导"对话框

图 1.16 "安装客户机操作系统"界面

（5）单击"下一步"按钮，进入"选择客户机操作系统"界面，单击"Microsoft Windows"单选按钮，选择版本为"Windows Server 2019"，如图 1.17 所示。

（6）单击"下一步"按钮，进入"命名虚拟机"界面，输入虚拟机名称，并设置安装位置，如图 1.18 所示。

图 1.17 "选择客户机操作系统"界面

图 1.18 "命名虚拟机"界面

（7）单击"下一步"按钮，进入"指定磁盘容量"界面，设置最大磁盘大小，单击"将虚拟磁盘拆分成多个文件"单选按钮，如图 1.19 所示。

（8）单击"下一步"按钮，进入"已准备好创建虚拟机"界面，如图 1.20 所示。

图 1.19 "指定磁盘容量"界面   图 1.20 "已准备好创建虚拟机"界面

（9）单击"完成"按钮，返回"Windows Server 2019-VMware Workstation"窗口，如图 1.21 所示。

（10）单击"编辑虚拟机设置"链接，弹出"虚拟机设置"对话框，选择"硬件"选项卡下的"内存"选项，设置内存容量，如图 1.22 所示。

图 1.21 "Windows Server 2019-VMware Workstation"窗口   图 1.22 设置内存容量

（11）选择"硬件"选项卡下的"处理器"选项，设置处理器相关参数，如图 1.23 所示。

（12）选择"硬件"选项卡下的"硬盘（NVMe）"选项，设置硬盘相关参数，如图 1.24 所示。

图 1.23　设置处理器相关参数　　　　　　　　图 1.24　设置硬盘相关参数

（13）选择"硬件"选项卡下的"CD/DVD（SATA）"选项，设置 CD/DVD（SATA）相关参数，单击"使用 ISO 映像文件"单选按钮，单击"浏览"按钮，选择下载的镜像文件（"datacenter_windows_server_2019_x64_dvd_c1ffb46c.iso"）目录，如图 1.25 所示。

（14）选择"硬件"选项卡下的"网络适配器"选项，设置网络适配器相关参数，如图 1.26 所示。

图 1.25　设置 CD/DVD（SATA）相关参数　　　图 1.26　设置网络适配器相关参数

（15）选择"硬件"选项卡下的"USB 控制器"选项，设置 USB 控制器相关参数，如图 1.27 所示。

（16）选择"硬件"选项卡下的"声卡"选项，设置声卡相关参数，如图 1.28 所示。

图1.27　设置 USB 控制器相关参数

图1.28　设置声卡相关参数

（17）选择"硬件"选项卡下的"打印机"选项，设置打印机相关参数，如图 1.29 所示。

（18）选择"硬件"选项卡下的"显示器"选项，设置显示器相关参数，如图 1.30 所示。

图1.29　设置打印机相关参数

图1.30　设置显示器相关参数

（19）单击"确定"按钮，返回"Windows Server 2019-VMware Workstation"窗口，并进入操作系统安装状态，如图 1.31 所示。

（20）按任意键进行系统安装，打开"Windows 安装程序"窗口，如图 1.32 所示。

（21）单击"下一步"按钮，进入"现在安装"界面，如图 1.33 所示。

（22）单击"现在安装"按钮，弹出"Windows 安装程序"对话框，如图 1.34 所示。

图 1.31 操作系统安装状态

图 1.32 "Windows 安装程序"窗口

图 1.33 "现在安装"界面

图 1.34 "Windows 安装程序"对话框

（23）输入产品密钥，单击"下一步"按钮，进入"选择要安装的操作系统"界面，如图 1.35 所示。

（24）选择"Windows Server 2019 Datacenter（桌面体验）"选项，单击"下一步"按钮，进入"适用的声明和许可条款"界面，如图 1.36 所示。

图 1.35 "选择要安装的操作系统"界面

图 1.36 "适用的声明和许可条款"界面

（25）勾选"我接受许可条款"复选框，单击"下一步"按钮，进入"你想执行哪种类型的安装？"界面，如图 1.37 所示。

（26）选择"自定义：仅安装 Windows（高级）"选项，进入"你想将 Windows 安装在哪里？"界面，如图 1.38 所示。

图1.37 "你想执行哪种类型的安装？"界面

图1.38 "你想将 Windows 安装在哪里？"界面

（27）单击"新建"按钮，设置磁盘（分区4）大小为60000MB（C:\），如图1.39所示。

（28）单击"新建"按钮，设置磁盘（分区5）大小为21304MB（D:\），如图1.40所示。

图1.39 设置磁盘（分区4）大小

图1.40 设置磁盘（分区5）大小

（29）单击"应用"按钮，完成磁盘分区，进入分区完成界面，如图1.41所示。

（30）选择相应的分区，单击"格式化"按钮，弹出格式化分区提示对话框，如图1.42所示。

图1.41 分区完成界面

图1.42 格式化分区提示对话框

（31）单击"确定"按钮，进入"正在安装 Windows"界面，如图1.43所示。

（32）系统安装完成后，会自动进行重启，并进入"自定义设置"界面，如图1.44所示。

图 1.43 "正在安装 Windows"界面

图 1.44 "自定义设置"界面

（33）设置管理员密码，单击"完成"按钮，进入登录界面，如图 1.45 所示。

（34）输入管理员密码，进入 Windows Server 2019 操作系统桌面，如图 1.46 所示。

图 1.45 登录界面

图 1.46 Windows Server 2019 操作系统桌面

1.3.3 系统克隆与快照管理

在使用虚拟机做各种实验时，初学者免不了因误操作导致系统崩溃、无法启动，或者在做群集的时候需要多个服务器进行测试，如搭建 FTP 服务器、DHCP 服务器、DNS 服务器、Web 服务器等。搭建服务器费时费力，一旦系统崩溃、无法启动，就需要重新安装操作系统或部署多个服务器。利用系统克隆功能可以很好地解决这个问题。

V1-5 系统克隆与
快照管理

1. 系统克隆

在虚拟机安装好原始的操作系统后对其进行克隆，可以方便日后做实验，也可以避免重新安装操作系统，既方便又快捷。

（1）进入 VMware 虚拟机主界面，关闭虚拟机中的操作系统，选择要克隆的操作系统并单击鼠标右键，在弹出的快捷菜单中选择"管理"→"克隆"命令，如图 1.47 所示。

（2）弹出"克隆虚拟机向导"对话框，如图 1.48 所示，单击"下一步"按钮，进入"克隆源"界面，如图 1.49 所示，可以单击"虚拟机中的当前状态"或"现有快照（仅限关闭的虚拟机）"单选按钮。

图 1.47 选择"克隆"命令

图1.48 "克隆虚拟机向导"对话框

图1.49 "克隆源"界面

（3）单击"下一步"按钮，进入"克隆类型"界面，单击"创建完整克隆"单选按钮，如图1.50所示。

（4）单击"下一步"按钮，进入"新虚拟机名称"界面，输入虚拟机名称，设置虚拟机的安装位置，如图1.51所示。

图1.50 "克隆类型"界面

图1.51 "新虚拟机名称"界面

（5）单击"完成"按钮，进入"正在克隆虚拟机"界面，如图1.52所示。

（6）克隆完成后，单击"关闭"按钮，返回VMware虚拟机主界面，如图1.53所示。

图1.52 "正在克隆虚拟机"界面

图1.53 VMware虚拟机主界面

2. 快照管理

VMware快照是VMware Workstation中的一个特色功能。当用户创建一个虚拟机快照时，它会创建一个特定的文件delta，delta文件是在基础虚拟机磁盘格式（Virtual Machine Disk

Format，VMDK）上的变更位图，因此，它不能增长到比 VMDK 还大。VMware 每为虚拟机创建一个快照，就会创建一个 delta 文件，当快照被删除或在快照管理中被恢复时，该文件将被自动删除。快照可以将当前的运行状态保存下来，当系统出现问题的时候，可以从快照中进行恢复。

（1）进入 VMware 虚拟机主界面，启动虚拟机中的操作系统，选择用户要快照保存的操作系统并单击鼠标右键，在弹出的快捷菜单中选择"快照"→"拍摄快照"命令，如图 1.54 所示。

图 1.54　选择"拍摄快照"命令

（2）在弹出的对话框中输入系统快照名称，如图 1.55 所示，单击"拍摄快照"按钮，返回 VMware 虚拟机主界面，系统快照完成，如图 1.56 所示。

图 1.55　输入系统快照名称

图 1.56　系统快照完成

1.3.4　系统基本配置与管理

在 VMware 虚拟机中安装完 Windows Server 2019 时，操作系统并没有被激活，需要将其激活。同样，安装完成的 Windows Server 2019 也无法上网，需要进行相关配置，才能提供相应的网络服务。

1. 修改服务器主机名称

（1）在操作系统桌面上单击鼠标右键，在弹出的快捷菜单中选择"个性化"命令，如图 1.57 所示，打开"设置"窗口，如图 1.58 所示。

（2）选择"主题"选项，进入"主题"界面，如图 1.59 所示，在"相关的设置"选项组中单击"桌面图标设置"链接，弹出"桌面图标设置"对话框，如图 1.60 所示。

V1-6　系统基本
配置

图 1.57　选择"个性化"命令

图 1.58　"设置"窗口

图 1.59　"主题"界面

图 1.60　"桌面图标设置"对话框

（3）在"桌面图标"选项组中勾选相应的复选框，以设置显示在该操作系统桌面上的图标，如图 1.61 所示，在桌面上选择"此电脑"图标并单击鼠标右键，在弹出的快捷菜单中选择"属性"命令，如图 1.62 所示。

图 1.61　操作系统桌面上的图标

图 1.62　选择"属性"命令

（4）打开的"系统"窗口如图 1.63 所示，单击"计算机名、域和工作组设置"选项组中的"更改设置"按钮，弹出"系统属性"对话框，如图 1.64 所示。

（5）单击"更改"按钮，弹出"计算机名/域更改"对话框，如图 1.65 所示，完成相应的计算机名和工作组设置，单击"确定"按钮，弹出重新启动提示对话框，如图 1.66 所示，单击"确定"按钮，计算机重新启动后，其主机名称即修改完成。

图 1.63 "系统"窗口 　　　　图 1.64 "系统属性"对话框

图 1.65 "计算机名/域更改"对话框

图 1.66 重新启动提示对话框

2. 配置网络环境

（1）设置虚拟机网卡 IP 地址。在虚拟机菜单栏中选择"编辑"→"虚拟网络编辑器"命令，如图 1.67 所示，弹出"虚拟网络编辑器"对话框，设置 VMnet1 虚拟网卡，单击"仅主机模式（在专用网络内连接虚拟机）"单选按钮，设置 VMnet1 的"子网 IP"为 192.168.200.0、"子网掩码"为 255.255.255.0，如图 1.68 所示。

图 1.67 选择"虚拟网络编辑器"命令

图 1.68 设置 VMnet1 虚拟网卡

（2）配置 VMnet8 虚拟网卡。单击选择"NAT 模式（与虚拟机共享主机的 IP 地址）"单选按钮，设置 VMnet8 的"子网 IP"为 192.168.100.0、"子网掩码"为 255.255.255.0，如图 1.69 所示，单击"NAT 设置"按钮，弹出"NAT 设置"对话框，设置"网关 IP"为 192.168.100.2，如图 1.70 所示。

图 1.69　设置 VMnet8 虚拟网卡　　　　图 1.70　"NAT 设置"对话框

（3）设置 Windows Server 2019 服务器主机 IP 地址。在操作系统桌面上，选择"网络"图标并单击鼠标右键，在弹出的快捷菜单中选择"属性"命令，如图 1.71 所示，打开"网络和共享中心"窗口，如图 1.72 所示。

图 1.71　选择"属性"命令（1）　　　　图 1.72　"网络和共享中心"窗口

（4）单击"更改适配器设置"链接，打开"网络连接"窗口，选择"Ethernet0"网卡并单击鼠标右键，在弹出的快捷菜单中选择"属性"命令，如图 1.73 所示，弹出"Ethernet0 属性"对话框，如图 1.74 所示。

图 1.73　选择"属性"命令（2）　　　　图 1.74　"Ethernet0 属性"对话框

（5）双击"Internet 协议版本 4（TCP/IPv4）"选项，弹出"Internet 协议版本 4（TCP/IPv4）属性"对话框，如图 1.75 所示，在其中设置相应的 IP 地址、子网掩码、默认网关及首选 DNS 服务器地址等，单击"确定"按钮，完成网卡地址的设置，在 IE 浏览器的地址栏中输入百度搜索引擎的网址进行测试，如图 1.76 所示，发现可以上网。

图 1.75 "Internet 协议版本 4（TCP/IPv4）属性"对话框

图 1.76 网络测试

课后实训

某学校的学生学习配置虚拟机和虚拟机组网后，打算在实验室的主机上安装 VMware 虚拟机平台并创建 3 台 Windows Server 2019 虚拟机，实现以下目标。

（1）安装 VMware 虚拟机，并在虚拟机中安装 Windows Server 2019。

（2）对 Windows Server 2019 进行克隆与快照管理，创建两台 Windows Server 2019 虚拟机。

（3）配置桌面及网络环境，更改服务器的名称，分配服务器的 IP 地址段为 192.168.100.0/24、网关地址为 192.168.100.254/24，首选 DNS 服务器的 IP 地址为 192.168.100.100/24，关闭防火墙。

（4）实现同一台宿主机上 3 台虚拟机的网络互通，使用 ping 命令进行测试。

（5）实现宿主机与 3 台虚拟机之间的网络互通，使用 ping 命令进行测试。

本章小结

本章包含 3 节。

1.1 网络操作系统的基本概念，主要讲解网络操作系统的定义、网络操作系统的特点以及网络操作系统的基本功能等相关理论知识。

1.2 认识典型的网络操作系统，主要讲解网络操作系统的发展、网络操作系统的选用原则、常见的网络操作系统以及 Windows Server 2019 等相关理论知识。

1.3 技能实践，主要讲解虚拟机安装、Windows Server 2019 安装、系统克隆与快照管理以及系统基本配置与管理等相关知识技能。

///// **课后习题**

1. 选择题

（1）【单选】安装 Windows Server 2019 桌面体验服务器时，内存大小至少为（　　）。

    A. 1GB　　　　　B. 2GB　　　　　C. 4GB　　　　　D. 8GB

（2）【单选】安装 Windows Server 2019 桌面体验服务器时，硬盘空间至少为（　　）。

    A. 8GB　　　　　B. 16GB　　　　　C. 32GB　　　　　D. 64GB

（3）【多选】网络操作系统的特点有（　　）。

    A. 支持多任务、多用户管理　　　　　B. 支持远程网络管理

    C. 支持大内存　　　　　D. 图形化用户界面

（4）【多选】网络操作系统的基本功能有（　　）。

    A. 共享资源管理　　B. 网络通信　　　C. 网络服务　　　　D. 分布式服务

（5）【多选】网络操作系统的选用原则有（　　）。

    A. 标准化　　　　B. 可靠性　　　　C. 安全性　　　　D. 易用性

（6）【多选】Windows Server 2019 的特点有（　　）。

    A. 超越虚拟化　　　　　B. 功能强大、管理简单

    C. 跨越云端的应用体验　　　　　D. 现代化的工作方式

（7）【多选】Windows Server 2019 的版本包括（　　）。

    A. Windows Server 2019 Datacenter（数据中心版）

    B. Windows Server 2019 Essentials（精华版）

    C. Windows Server 2019 Standard（标准版）

    D. 以上都不是

（8）【多选】Linux 的特性包括（　　）。

    A. 开放性　　　　　B. 良好的可移植性

    C. 可靠的安全系统　　　　　D. 多用户

2. 简答题

（1）简述网络操作系统的特点。

（2）简述网络操作系统的基本功能。

（3）简述网络操作系统的发展阶段。

（4）简述网络操作系统的选用原则。

（5）简述常见的网络操作系统的特点。

（6）简述 Windows Server 2019 的特点。

（7）简述 Windows Server 2019 的最低安装要求。

（8）简述 Windows Server 2019 的新增功能。

第2章
活动目录配置管理

本章主要讲解活动目录的基础知识和技能实践等，包括活动目录概述、活动目录的物理结构、工作组模式与域模式、活动目录的安装、将客户端加入活动目录、创建子域等相关内容。

【知识目标】

- 理解活动目录的基础知识。
- 掌握活动目录的物理结构以及工作组模式与域模式。

【能力目标】

- 掌握活动目录的安装。
- 掌握将客户端加入活动目录的操作方法。
- 掌握创建子域的方法。

【素养目标】

- 培养工匠精神，要求做事严谨、精益求精、着眼细节、爱岗敬业。
- 树立团队互助、进取合作的意识。

2.1 活动目录基础知识

活动目录（Active Directory，AD）是面向 Windows Server 网络操作系统的非常重要的目录服务，目录服务有两方面的内容，即目录、与目录相关的服务。活动目录服务是 Windows Server 2019 的核心组件之一，为用户管理网络环境各个组成要素的标识和关系提供了一种有力的手段。

2.1.1 活动目录概述

活动目录存储了有关网络对象的信息，包括用户账户、组、共享文件夹等，这些数据被存储在目录服务数据库中，管理员和用户能够轻松地查找和使用。活动目录使用了一种结构化的数据存储方式，并以此作为基础对目录信息进行合乎逻辑的分层组织。活动目录具有可扩展、可伸缩等特点，与域名系统（Domain Name System，DNS）集成在一起，可基于策略进行管理。

Windows 通过活动目录组件来实现目录服务，它将网络中的各种资源组合起来，并进行集中管理，方便网络资源的检索，使企业可以轻松地管理复杂的网络环境。

1. 活动目录服务提供的功能

Windows Server 2019 下的活动目录服务包括活动目录权限管理服务（Active Directory Rights Management Services，AD RMS）、活动目录联合服务（Active Directory Federation Services，AD FS）、活动目录轻型目录服务（Active Directory Lightweight Directory Services，AD LDS）、活动目录域服务（Active Directory Domain Services，AD DS）和活动目录证书服务（Active Directory Certificate Services，AD CS）。

AD RMS 帮助保护信息，防止未授权使用。AD RMS 将建立用户标记，并为授权用户提供受保护的信息许可证。

AD FS 提供简单、安全的联合身份验证和 Web 单点登录（Single Sign On，SSO）功能。AD FS 包括的联合身份验证服务启用基于浏览器的 Web SSO。

AD LDS 为应用程序特定的数据以及启用目录的应用程序（不需要 AD DS 基础结构）提供存储功能。一个服务器上可以存在多个 AD LDS 实例，其中每个实例都可以有自己的架构。

AD DS 存储了有关网络中的对象的信息，并向用户和网络管理员提供这些信息。AD DS 使用域控制器，向网络用户授予通过单个登录进程访问网络中任意位置资源的权限。

AD CS 用于创建证书颁发机构和相关角色服务，从而允许用户颁发和管理各种应用程序的使用证书。

活动目录服务能提供的功能表现在以下几个方面。

（1）服务器及客户端计算机管理：管理服务器及客户端计算机账户，所有服务器及客户端计算机账户都加入域管理并实施组策略。

（2）用户服务管理：管理用户域账户、用户信息、企业通信录（与电子邮件系统集成）、用户组管理、用户身份认证、用户授权管理等。

（3）资源管理：管理网络中的打印机、文件共享服务等网络资源。

（4）基础网络服务支撑：包括 DNS、Windows 网络名称服务（Windows Internet Name Service，WINS）、动态主机配置协议（Dynamic Host Configuration Protocol，DHCP）、证书服务等。

（5）策略配置：系统管理员可以通过活动目录集中配置客户端策略，如界面功能的限制、应用程序执行特征限制、网络连接限制、安全配置限制等。

2. 活动目录的基本概念

典型的活动目录结构如图 2.1 所示。

V2-1　活动目录的
基本概念

图 2.1　典型的活动目录结构

活动目录的基本概念如下。

（1）对象和属性。活动目录以对象为基本单位，采用层次结构来组织管理对象。AD DS 内的资源以对象的形式存在。这些对象包括网络中的各项资源，如用户、服务器、计算机、打印机和应用程序等。而对象是通过属性来描述其特征的，也就是对象本身是一些属性的集合。例如，要为用户建立一个账号，需要新建一个对象类型（Object Class）属于用户的对象（也就是用户账号），并在此对象内输入相应的姓名、密码和描述信息等，其中的用户账号就是对象，而姓名、密码和描述信息等就是该对象的属性。

（2）域。域（Domain）是活动目录的基本单位和核心单元，是活动目录的分区单位。域是在 Windows NT/2012/2016/2019 网络环境中组建客户端/服务器网络的实现方式，域是由网络管理员定义的一组计算机集合，它实际上就是一个网络。在这个网络中，至少有一台称为域控制器（Domain Controller，DC）的计算机充当服务器角色。域控制器中保存着整个网络的用户账号及目录数据库，即活动目录。管理员可以修改活动目录的配置来实现对网络的管理和控制，如管理员可以在活动目录中为每个用户创建域用户账号，使其可登录域并访问域的资源。同时，管理员也可以控制所有网络用户的行为，如控制用户能否登录、在什么时间登录、登录后能执行哪些操作等。而域中的客户计算机要想访问域的资源，就必须先加入域，并使用管理员为其创建的域用户账号登录域，同时必须接受域的控制和管理。构建域后，域可以对整个网络实施集中控制和管理。一般一个组织机构就可以构成一个域，图 2.1 中代表 xyz 公司的 xyz.com 就是一个域。

（3）组织单位。组织单位（Organization Unit，OU）将域进一步划分，以便于管理。组织单位是可将用户、组、计算机和其他组织单位放入其中的活动目录容器。每个域的组织单位层次都是独立的，组织单位不能包括来自其他域的对象。组织单位相当于域的子域，也具有层次结构，如图 2.1 所示，sale.xyz.com 域下辖的辽宁销售部就是一个组织单位。组织单位是应用组策略和委派责任的最小单位，使用组织单位后，用户可在组织单位中代表逻辑层次结构的域中创建容器，这样就可以根据组织模型来管理网络资源。可授予用户对域中某个组织单位的管理权限，组织单位的管理员不需要具有域中任何其他组织单位的管理权。

（4）域树。当要配置一个包含多个域的网络时，应将网络配置成域树结构，如图 2.1 所示，xyz.com 域及其下辖的 xyz 公司销售子域、xyz 公司财务子域一起构成了一个域树。活动目录的域仍然采用 DNS 域的命名规则。在域树中，两个子域名 sale.xyz.com 和 finance.xyz.com 中仍然包含父域的域名 xyz.com，如图 2.1 所示，因此，它们的命名空间（Name Space，NS）是连续的，这也是判断两个域是否属于一个域树的重要条件。在整个域树中，所有域共享同一个活动目录，即整个域树中只有一个活动目录，只不过这个活动目录分散地存储在不同的域中（每个域只负责存储和本域有关的数据），整体上形成一个大的分布式活动目录数据库。在配置一个较大规模的企业网络时，可以将其配置为域树结构。例如，将企业总部的网络配置为根域，各分支机构的网络配置为子域，整体上形成一个目录树，以实现集中管理。

（5）域林。如果网络的规模比域树大，甚至包含了多个域树，就可以将网络配置成域林（也称森林）结构。域林由一个或多个域树组成，如图 2.1 所示，xyz.com 域树以及与之建立信息关系的 abc.com 域树就一起构成了一个域林。域林中的每个域树都有唯一的命名空间，它们之间并不是连续的。整个域林也存在一个根域，这个根域是域林中最先安装的域。在图 2.1 所示的域林中，因为 abc.com 是最先安装的，所以这个域是域林的根域。

（6）站点。站点由一个或多个 IP 子网组成，这些子网通过高速网络设备连接在一起。站点往往由企业的物理位置分布情况决定，可以依据站点结构配置活动目录的访问和复制拓扑关系，使网络更有效地连接，并使复制策略更合理、用户登录更快速。活动目录中的站点与域是两个完全独立的概念，一个站点中可以有多个域，多个站点也可以位于同一个域中。

　　活动目录站点和服务可以使用站点提高大多数配置目录服务的效率，使用活动目录站点和服务来发布站点，并提供有关网络物理结构的信息，从而确定如何复制目录信息和处理服务的请求。计算机站点是根据其子网和一组已连接子网的位置指定的，子网用来为网络分组，类似于生活中使用邮政编码来划分地址。划分子网可方便地发送有关网络与目录连接的物理信息，且同一子网中计算机的连接情况通常优于不同网络中计算机的连接情况。

　　（7）目录分区。AD DS 数据库按逻辑分为架构目录分区（Schema Directory Partition）、配置目录分区（Configuration Directory Partition）、域目录分区（Domain Directory Partition）和应用程序目录分区（Application Directory Partition）。

　　架构目录分区存储着整个域林中所有对象与属性的定义数据，也存储着建立新对象与属性的规则。整个域林内所有域共享一份相同的架构目录分区，它会被复制到域林中所有域的所有控制器中。

　　配置目录分区存储着整个 AD DS 的结构，如具体域、站点、域控制器等数据。整个域林共享一份相同的配置目录分区，它会被复制到域林中所有域的所有域控制器中。

　　域目录分区存储着与该域有关的对象，如用户、组与计算机等对象。每一个域各自拥有一份域目录分区，它只会被复制到该域内的所有域控制器中，而不会被复制到其他域的域控制器中。

　　一般来说，应用程序目录分区是由应用程序建立的，存储着与该应用程序有关的数据。例如，由 Windows Server 2019 扮演的 DNS 服务器，若建立的 DNS 区域为 AD 集成区域，则它会在 AD DS 数据库内建立应用程序目录分区，以便存储该区域的数据。应用程序目录分区会被复制到域林中特定的域控制器中，而不是所有的域控制器中。

2.1.2　活动目录的物理结构

　　活动目录的物理结构侧重于网络的配置和优化，物理结构的 3 个重要概念是域控制器、只读域控制器和全局编录服务器。

V2-2　活动目录的
物理结构

1．域控制器

　　域控制器是指安装了活动目录的 Windows Server 2019 服务器，它保存了活动目录信息的副本。域控制器管理目录信息的变化，并把这些变化复制到同一个域中的其他域控制器上，使各个域控制器上的目录信息同步。域控制器负责用户的登录以及其他与域有关的操作，如身份鉴定、目录信息查找等。一个域可以有多个域控制器。域控制器没有主次之分，采用主机复制模式，每一个域控制器都有一个可写入的目录副本，这为目录信息容错带来了无尽的好处。尽管在某个时刻，不同的域控制器中的目录信息可能有所不同，但一旦活动目录中的所有域控制器执行同步操作，所有的变化就会同步一致。

2．只读域控制器

　　只读域控制器的 AD DS 数据库只可以被读取，不可以被修改，也就是说，用户或应用程序无法直接修改只读域控制器的 AD DS 数据库。只读域控制器的 AD DS 数据库的内容只能够从其他可读写的域控制器中复制。只读域控制器主要设计给远程分公司的网络使用，因为一般来说，远程分公司的网络规模比较小、用户人数比较少，相关的安全措施或许并不如总公司完备，也可能缺乏 IT 人员，因此采用只读域控制器可避免因其 AD DS 数据库被破坏而影响整个 AD DS 环境。

3．全局编录服务器

　　尽管活动目录支持多主机复制模式，但由于复制会引起通信流量以及网络潜在的冲突，变化的传播并不一定能够顺利进行，因此有必要在域控制器中指定全局编录服务器及操作主机。全局编录是一个信息仓库，包含活动目录中所有对象的部分属性——查询过程中访问最频繁的属性。利用这些信息，可以定位任何一个对象实际所在的位置。全局编录服务器是一个域控制器，它保存了全局编录的一个副本，并执行对全局编录的查询操作。全局编录服务器可以提高活动目录中大范围内检索对象的性能。例如，在域林中查询所有的打印机操作时，如果没有全局编录服务器，那么必须调动域林中每一个域的查询过程。如果域中只有一个域控制器，那么它就是全局编录服务器。如果域林中有多个域控制器，那么管理员必须把其中一个域控制器配置为全局编录服务器。

2.1.3 工作组模式与域模式

企业网络中，计算机管理模式有两种，即工作组模式与域模式，它们的区别与联系如下。

V2-3 工作组模式
与域模式

1. 工作组模式

工作组（Work Group）是最常见、最简单、最普通的资源管理模式，就是将不同的计算机按功能分别列入不同的组中，以方便管理。工作组中的每台计算机的地位都是平等的。

将计算机加入工作组的方法很简单，以 Windows 10 为例，在桌面上选择"此电脑"图标并单击鼠标右键，在弹出的快捷菜单中选择"属性"命令，在"计算机名、域和工作组设置"选项组中，单击"更改设置"链接，弹出"系统属性"对话框，在"系统属性"对话框中单击"更改"按钮，弹出"计算机名/域更改"对话框，单击"工作组"单选按钮，输入要加入的工作组名称（默认为 WORKGROUP），如图 2.2 所示，单击"确定"按钮，按要求重新启动计算机后，计算机即被加入工作组。

图 2.2 将计算机加入工作组

2. 域模式

域是安全边界的界定，用于划分一个相互信任的区域。在域模式下，至少有一台服务器负责连入网络的每一台计算机和每一个用户的验证工作，这台服务器称为域控制器。域控制器上存储了有关网络对象的信息，这些对象包括用户、用户组、计算机、域、组织单位、文件、打印机、应用程序、服务器及安全策略等，这些信息由域控制器统一集中管理。当计算机连入网络时，域控制器首先要验证这台计算机是否属于这个域、用户使用的登录账号是否存在及密码是否匹配。如果以上信息有一项不正确，则域控制器会拒绝这个用户从这台计算机登录。如果不能登录，则用户不能访问服务器上有权限保护的资源，这样就在一定程度上保护了网络中的资源。如果用户能够成功登录域，则域控制器会将配置好的权限授予用户，用户可以在合法权限范围内访问域内的资源。

在工作组模式下，计算机处于独立状态，登录用户账号和管理计算机均须在每台计算机上进行，当计算机超过 20 台时，计算机的管理将变得困难，并且要为用户创建更多的访问网络资源的账号，用户要记住多个访问不同资源的账号。

而在域模式下，用户只需记住一个域账号，即可登录并访问域中的资源。此外，管理员通过组策略可以轻松配置用户的桌面工作环境和加强计算机的安全设置，域模式下所有的域账号信息都保存在域控制器的活动目录数据库中。

活动目录协助中大型组织为用户提供可靠的工作环境，它提供最高层的可靠性和效能，让用户得以尽可能有效地将其工作做好，并提供安全的环境让 IT 人员可以更容易工作。使用活动目录是因为有许多应用程序和服务之前使用不同的用户名和密码，并由每个应用程序来单独管理。例如，在 Windows 中，网络、邮箱、远程访问、业务系统等都有自己的用户名和密码。使用活动目录之后，系统管理员可以将用户加入活动目录域，使用同一目录进行单点登录。一旦用户登录 Windows，其域的用户名和密码就是钥匙，可自动解锁所有已启用的应用程序或服务，包括 Windows 融合式验证的第三方应用程序。

通过建立用户账号、邮箱和应用程序之间的连接，活动目录简化了新增、修改和删除用户账号的工作。当员工离职或信息发生改变时，在活动目录中做一次变更即可变更所有应用程序和服务的相关信息，即当用户在活动目录中变更其密码时，他们不必记住其他应用程序的不同密码。当建立像"销售组"的用户群组时，用户发送电子邮件给该组即可将电子邮件传送到该组中所有的用户，系统管理员可以根据组名允许对资源的安全存取。活动目录统一管理带来的好处还体现在其他许多方面。

（1）提高员工工作效率，增加产能。IT 管理人员不必到每个客户端上进行操作，用户不必中断工作。

（2）减少 IT 系统管理的负担。IT 管理人员不需要花费时间到每台计算机上安装软件或更新软件，可以使用组策略进行批量更新。

（3）改善容量以便将停机概率降到最低，加强安全性管理；对密码策略、软件配置、安全设置进行统一管理，安全性高。

（4）单点登录使用与活动目录集成的应用的功能。

3. 工作组模式和域模式的对比

工作组模式和域模式的对比如表 2.1 所示。

表 2.1　工作组模式和域模式的对比

项目	工作组模式	域模式
登录	只支持本地存在的用户，进行本地验证	本地账号、域账号均可；域用户在域控制器统一验证；可实现活动目录集成业务的单点登录
密码更改	只能在本地由本地管理员或账户本身进行修改	域控制器上统一更改，不必到客户端操作
权限	只负责本机权限，权限丢失后找回步骤烦琐，有泄露风险	集中修改；以组的方式批量管理，可临时授予权限；统一密码策略，安全性高
文件共享	每个人都要使用同一账号连接或者在每台机器上创建账号	分配到对应组即可，用户只要存在于对应组中，即可使用自身密码进行访问
文件权限	同一权限	细分（只读、修改、删除）
桌面环境	单独配置	统一配置
组策略	无	可使用组策略，统一配置管理客户端，且用户在出现问题或需要做配置变更时，管理员可在域上配置，用户不需要中断工作
软件配置	单独安装、管理	统一配置，降低故障率

2.2 技能实践

在 Windows Server 2019 上安装活动目录时，必须由网络管理员进行相应的设置，需要满足如下条件。

（1）必须有一个静态的 IP 地址，如 192.168.100.100/24，本书如无特殊说明，均使用此地址进行相关配置。

（2）管理员账号使用强密码管理体系。

（3）已从 Windows 安装最新的安全更新程序。

（4）安装活动目录时，登录用户必须有管理员组权限（Administrators）。

（5）符合 DNS 规范的域名，如 xyz.com。

（6）有相应的 DNS 服务器的支持，用于解析域名，且当前服务器的 TCP/IP 设置中的 DNS 服务器 IP 地址需要配置为该 DNS 服务器的 IP 地址。

（7）必须有足够大的空闲磁盘空间，用于放置存储域公共文件服务器副本的共享文件夹。

2.2.1 活动目录的安装

先安装 Windows Server 2019 服务器的活动目录，再将其升级为域控制器并建立域，相关操作如下。

V2-4　AD DS 的
安装

1. AD DS 的安装

（1）在桌面上选择"此电脑"图标并单击鼠标右键，在弹出的快捷菜单中选择"管理"命令，打开"服务器管理器"窗口，如图 2.3 所示，在窗口右上角选择"管理"→"添加角色和功能"命令，打开"添加角色和功能向导"窗口，如图 2.4 所示。

图 2.3　"服务器管理器"窗口

图 2.4　"添加角色和功能向导"窗口

（2）单击"下一步"按钮，进入"选择安装类型"界面，如图 2.5 所示，单击"基于角色或基于功能的安装"单选按钮，通过添加角色、角色服务或功能来配置单个服务器，单击"下一步"按钮，进入"选择目标服务器"界面，如图 2.6 所示。

（3）单击"从服务器池中选择服务器"单选按钮，在服务器池中选择相应的服务器，单击"下一步"按钮，进入"选择服务器角色"界面，如图 2.7 所示，选择要安装在所选服务器上的一个或多个角色，在"角色"列表框中勾选"Active Directory 域服务"复选框，进入"添加 Active Directory 域服务所需的功能？"界面，如图 2.8 所示。

图2.5 "选择安装类型"界面

图2.6 "选择目标服务器"界面

图2.7 "选择服务器角色"界面

图2.8 "添加 Active Directory 域服务
所需的功能？"界面

（4）勾选"包括管理工具（如果适用）"复选框，单击"添加功能"按钮，返回"选择服务器角色"界面，单击"下一步"按钮，进入"选择功能"界面，如图 2.9 所示，单击"下一步"按钮，进入"Active Directory 域服务"界面，如图 2.10 所示。

图2.9 "选择功能"界面

图2.10 "Active Directory 域服务"界面

（5）单击"下一步"按钮，进入"确认安装所选内容"界面，如图 2.11 所示，单击"安装"按钮，进入"安装进度"界面，如图 2.12 所示。

图 2.11 "确认安装所选内容"界面

图 2.12 "安装进度"界面

（6）安装完成后，单击"关闭"按钮，返回"服务器管理器"窗口，进入"服务器管理器 AD DS"界面，如图 2.13 所示。选择该界面右上角的"更多"选项，打开"所有服务器 任务详细信息"窗口，如图 2.14 所示。

图 2.13 "服务器管理器 AD DS"界面

图 2.14 "所有服务器 任务详细信息"窗口

（7）单击"操作"列下的"将此服务器提升为域控制器"链接，打开"Active Directory 域服务配置向导"窗口，如图 2.15 所示，在"部署配置"界面中，单击"添加新林"单选按钮，在"指定此操作的域信息"选项组中，设置"根域名"为 abc.com，单击"下一步"按钮，进入"域控制器选项"界面，如图 2.16 所示。

图 2.15 "Active Directory 域服务配置向导"窗口

图 2.16 "域控制器选项"界面

（8）选择新林和根域的功能级别。设置不同的域功能级别主要是为了兼容不同平台的网络用户和子域控制器，在此只能设置为"Windows Server 2016"版本的域控制器。指定域控制器功能并输入目录服务还原模式密码，单击"下一步"按钮，进入"DNS 选项"界面，如图 2.17 所示，单击"下一步"按钮，进入"其他选项"界面，如图 2.18 所示。

图 2.17 "DNS 选项"界面　　　　　　　　　　　图 2.18 "其他选项"界面

（9）在"其他选项"界面中，输入 NetBIOS 域名，单击"下一步"按钮，进入"路径"界面，如图 2.19 所示，指定 AD DS 数据库、日志文件和 SYSVOL 的位置，单击"下一步"按钮，进入"查看选项"界面，如图 2.20 所示。

图 2.19 "路径"界面　　　　　　　　　　　　图 2.20 "查看选项"界面

（10）检查设置的相关信息，单击"下一步"按钮，进入"先决条件检查"界面，如图 2.21 所示，查看相关结果，单击"安装"按钮，完成 Active Directory 域服务配置。

图 2.21 "先决条件检查"界面

2. 验证 AD DS 的安装

AD DS 安装完成后，可以在域控制器 server-01 上进行以下几个方面的验证。

（1）Windows Server 2019 服务器启动时，可以查看登录界面的用户名是否变为 ABC\Administrator，如图 2.22 所示。

（2）进入操作系统桌面，在"开始"菜单中选择"Windows 管理工具"命令，可以查看"Active Directory 管理中心""Active Directory 用户和计算机""Active Directory 域和信任关系""Active Directory 站点和服务"，如图 2.23 所示。

（3）在操作系统桌面上选择"此电脑"图标并单击鼠标右键，在弹出的快捷菜单中选择"属性"命令，打开"系统"窗口，在"计算机名、域和工作组设置"选项组中，可以看到计算机全名为 server-01.abc.com、域为 abc.com，如图 2.24 所示。

（4）在操作系统桌面上选择"此电脑"图标并单击鼠标右键，在弹出的快捷菜单中选择"管理"命令，打开"服务器管理器"窗口，选择"AD DS"选项，可以查看服务器管理器 AD DS 的相关信息，如图 2.25 所示。

图 2.22　登录界面

图 2.23　"开始"菜单

图 2.24　"系统"窗口

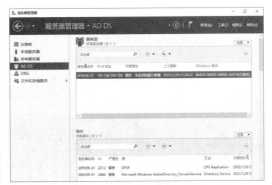

图 2.25　AD DS 的相关信息

2.2.2　将客户端加入活动目录

当网络中的第一台域控制器创建完成后，对应服务器将扮演域控制器的角色，而其他主机需要加入活动目录作为域内成员接受域控制器的集中管理。将客户端加入活动目录可以通过在客户端上手动配置或者使用脚本文件来完成。为了使活动目录对客户端进行统一管理，需要配置客户端处于域模式。下面以 Windows 10 客户端（192.168.100.10/24）加入域 abc.com（192.168.100.100/24）为例开始实施过程。

（1）配置 Windows 10 客户端的 IP 地址、子网掩码、网关地址、DNS 服务器的 IP 地址等相关信息，如图 2.26 所示，测试客户端与域控制器的连通性，如图 2.27 所示，使用命令测试客户端能否正常解析域名 abc.com，如图 2.28 所示。

（2）将客户端（win10-user01）加入域 abc.com 中。在客户端桌面上选择"此电脑"图标并单击鼠标右键，在弹出的快捷菜单中选择"属性"命令，单击"更改设置"链接，弹出"计算机名/域更改"对话框，在"隶属于"选项组中，输入该客户端所要加入的域名（abc.com），如图 2.29 所示。

图 2.26　客户端的 IP 地址等相关信息

图 2.27　测试客户端与域控制器的连通性

图 2.28　测试解析域名 abc.com

图 2.29　"计算机名/域更改"对话框

（3）单击"确定"按钮，弹出"Windows 安全中心"对话框，如图 2.30 所示，输入有权限加入该域的账户名称和密码（Windows Server 2019 域的用户和密码），单击"确定"按钮，弹出"欢迎加入 abc.com 域。"的提示对话框，如图 2.31 所示。

图 2.30 "Windows 安全中心"对话框

图 2.31 显示"欢迎加入 abc.com 域。"的提示对话框

（4）单击"确定"按钮，系统重新启动，启动完毕后会发现系统登录界面发生了变化，即进入域模式登录界面，如图 2.32 所示，选择"其他用户"选项进行登录，登录系统后，再次打开"系统"窗口，可以看到该计算机已经处于域模式，如图 2.33 所示。

（5）在 Windows Server 2019 域控制器上通过"Active Directory 用户和计算机"窗口的 Computers 文件夹也能查看到客户端（win10-user01）已经加入域 abc.com 中，如图 2.34 所示。

图 2.32 域模式登录界面

图 2.33 "系统"窗口

图 2.34 查看域内计算机

2.2.3 创建子域

创建子域之前，需要设置域中父域控制器和子域控制器的 TCP/IP 属性，手动指定其 IP 地址、

子网掩码、默认网关和 DNS 服务器的 IP 地址等相关信息，父域域名为 abc.com，子域域名为 lncc.abc.com。父域的域控制器主机名为 server-01，其本身也是 DNS 服务器，IP 地址为192.168.100.100/24。子域的域控制器主机名为 DC1，其本身也是 DNS 服务器，IP 地址为192.168.100.101/24。

1. 创建子域 DC1

（1）在计算机 DC1 上安装 AD DS，使其成为子域"lncc.abc.com"中的域控制器，设置计算机 DC1 的名称，如图 2.35 所示，设置计算机的 IP 地址等相关信息，如图 2.36 所示。

图 2.35　设置计算机 DC1 的名称　　　　　图 2.36　设置计算机的 IP 地址等相关信息

（2）在桌面上选择"此电脑"图标并单击鼠标右键，在弹出的快捷菜单中选择"管理"命令，打开"服务器管理器"窗口。在该窗口右上角选择"管理"→"添加角色和功能"命令，打开"添加角色和功能向导"窗口，安装 AD DS。当进入"部署配置"界面时，单击"将新域添加到现有林"单选按钮，单击"<未提供凭据>"后面的"更改"按钮，弹出"Windows 安全中心"对话框，在其中输入有权限的用户名 abc\administrator 及其密码，如图 2.37 所示。

（3）单击"确定"按钮，返回"部署配置"界面，选择或输入父域名 abc，输入新域名 lncc（注意，不是 lncc.abc.com），如图 2.38 所示。

图 2.37　部署操作的凭据　　　　　　　　　图 2.38　设置域名

（4）单击"下一步"按钮，进入"域控制器选项"界面，如图 2.39 所示，在"指定域控制器功能和站点信息"选项组中，默认勾选"域名系统（DNS）服务器"复选框，在"键入目录服务还原模式（DSRM）密码"选项组中输入密码。

（5）单击"下一步"按钮，进入"DNS 选项"界面，如图 2.40 所示。

图 2.39 "域控制器选项"界面　　　　　图 2.40 "DNS 选项"界面

（6）单击"下一步"按钮，进入"其他选项"界面，在此设置 NetBIOS 域名，如图 2.41 所示。其他安装步骤与安装 AD DS 的步骤一样，这里不赘述。安装完成后系统会自动重新启动。

2. 创建子域过程中遇到的问题及解决方案

（1）在创建子域的过程中，"部署配置"界面出现"无法使用指定的凭据登录到该域，请提供有效凭据，然后重试。"提示信息，如图 2.42 所示。

图 2.41 "其他选项"界面　　　　　图 2.42 "部署配置"界面出现的提示信息

出现以上提示信息时，首先检查网络的 IP 地址、子网掩码、网关 IP 地址、DNS 服务器的 IP 地址等相关信息，然后测试网络的连通性。这里父域控制器（abc.com）主机名为 server-01，IP 地址为 192.168.100.100/24，网关地址为 192.168.100.2/24，DNS 服务器的 IP 地址为 114.114.114.114；子域控制器（lncc.abc.com）主机名为 DC1，IP 地址为 192.168.100.101/24，网关地址为 192.168.100.2/24，DNS 服务器的 IP 地址为 192.168.100.100（需要注意的是，子域的 DNS 服务器的 IP 地址为父域控制器的 IP 地址）。

（2）在创建子域的过程中，"结果"界面出现"尝试将此计算机配置为域控制器时出错"提示信息，如图 2.43 所示。

出现以上提示信息时，可以看到"指定的

图 2.43 "结果"界面出现的提示信息

域已存在"，也就是因为计算机的 SID 的问题。SID 是标识用户、组和计算机账户的唯一的号码，在第一次创建账户时，账户将获得一个唯一的 SID。

做 Active Directory 域活动目录的时候，为了方便而直接复制了虚拟机，因为是复制的虚拟机，所以其 SID 是一样的。在域控制器 server-01 与域控制器 DC1 上，分别使用命令 whoami /user 查看当前的用户名和 SID 信息，如图 2.44 和图 2.45 所示，可以看到两台域控制器的 SID 是一样的，所以要想要解决这个问题应当修改 SID。

图 2.44　域控制器 server-01 的用户名和 SID 信息　　　图 2.45　域控制器 DC1 的用户名和 SID 信息

修改 SID 的方法有两种：一种是不复制虚拟机，直接全新安装；另一种是使用系统自带的 sysprep 工具，重新初始化系统，操作过程如下。

在子域控制器服务器上，按"Win+R"组合键，弹出"运行"对话框，如图 2.46 所示，输入 sysprep 命令，单击"确定"按钮，可以看到"sysprep.exe"执行文件，如图 2.47 所示。

图 2.46　"运行"对话框　　　　　　　　图 2.47　"sysprep.exe"执行文件

双击"sysprep.exe"执行文件，弹出"系统准备工具 3.14"对话框，如图 2.48 所示，勾选"通用"复选框，设置相关选项，单击"确定"按钮，重新启动域控制器 DC1，完成 SID 的修改。再次使用命令 whoami /user 查看当前的用户名和 SID 信息，可以看到当前的用户名和 SID 都与以前的不一样，已经全部修改完成，如图 2.49 所示。

 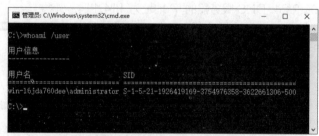

图 2.48　"系统准备工具 3.14"对话框　　　图 2.49　域控制器 DC1 当前的用户名和 SID 信息

3. 验证创建的子域

（1）重新启动域控制器 DC1 后，以管理员身份登录到子域中，在桌面上选择"此电脑"图标并单击鼠标右键，在弹出的快捷菜单中选择"属性"命令，打开"系统"窗口，在"计算机名、域和工作组设置"选项组中可以看到计算机全名为 DC1.lncc.abc.com、域为 lncc.abc.com，如图 2.50 所示。

图 2.50　DC1 的"系统"窗口

（2）在域控制器 DC1 上，在"开始"菜单中选择"Windows 管理工具"→"Active Directory 用户和计算机"命令，打开"Active Directory 用户和计算机"窗口，可以看到 lncc.abc.com 子域，如图 2.51 所示。

图 2.51　"Active Directory 用户和计算机"窗口

（3）在域控制器 DC1 上，在"开始"菜单中选择"Windows 管理工具"→"DNS"命令，打开"DNS 管理器"窗口，可以看到区域"lncc.abc.com"，如图 2.52 所示。

图 2.52　域控制器 DC1 的"DNS 管理器"窗口

（4）在域控制器 server-01 上，在"开始"菜单中选择"Windows 管理工具"→"DNS"命令，打开"DNS 管理器"窗口，可以看到区域"abc.com"，如图 2.53 所示。

图 2.53　域控制器 server-01 的"DNS 管理器"窗口

4. 验证父子信任关系

前面的任务已经构建了 abc.com 及其子域 lncc.abc.com，而子域和父域的双向、可传递的信任关系是在安装域控制器时就自动建立起来的，同时域林中的信任关系是可传递的，因此同一域林中的所有域都显式或者隐式地相互信任。

（1）在域控制器 server-01 上以域管理员身份登录，在"开始"菜单中选择"Windows 管理工具"→"Active Directory 域和信任关系"命令，打开"Active Directory 域和信任关系"窗口，在此可以对域之间的信任关系进行管理，如图 2.54 所示。

图 2.54　"Active Directory 域和信任关系"窗口

（2）在该窗口左侧选择"abc.com"节点并单击鼠标右键，在弹出的快捷菜单中选择"属性"命令，弹出"abc.com 属性"对话框，选择"信任"选项卡，如图 2.55 所示，可以看到 abc.com 和其他域的信任关系。该对话框的上部列出的是 abc.com 所信任的域，表明 abc.com 信任其子域 lncc. abc.com；该对话框的下部列出的是信任 abc.com 的域，表明其子域 lncc. abc.com 信任 abc.com。也就是说，abc.com 和 lncc. abc.com 是双向信任关系。选择"lncc. abc.com"节点并单击鼠标右键，在弹出的快捷菜单中选择"属性"命令，弹出"lncc.abc.com 属性"对话框，选择"信任"选项卡，如图 2.56 所示，可以查看其信任关系。

图 2.55 "abc.com 属性"对话框　　　　图 2.56 "lncc.abc.com 属性"对话框

5. Active Directory 站点和服务

在域控制器 server-01 上以域管理员身份登录，在"开始"菜单中选择"Windows 管理工具"→"Active Directory 站点和服务"命令，打开"Active Directory 站点和服务"窗口，在此可以对站点和服务进行管理，如图 2.57 所示。

图 2.57 "Active Directory 站点和服务"窗口

课后实训

随着业务的发展，某公司现有的工作组模式的网络已经不能满足公司的业务需要，经过多方论证，公司决定使用服务器 Windows Server 2019 的域模式进行管理，构建满足公司需求的域环境，具体要求如下。

（1）创建域 abc.com，域控制器的服务器名称为 Win2019-01，其服务器的 IP 地址为 192.168.100.100/24，首选 DNS 服务器的 IP 地址为 192.168.100.100/24。

（2）创建一个子域 xyz.abc.com，域控制器的服务器名称为 Win2019-02，其服务器的 IP 地址为 192.168.100.101/24，首选 DNS 服务器的 IP 地址为 192.168.100.100/24。

（3）创建成员服务器，服务器的名称为 Win2019-03，其服务器的 IP 地址为 192.168.100.102/24，首选 DNS 服务器的 IP 地址为 192.168.100.100/24，建立域信任关系，并进行相关测试。

请按照上述要求做出合适的配置，以检查学习效果。

////////// **本章小结**

本章包含两节。

2.1 活动目录的基础知识，主要讲解活动目录的功能及基本概念；活动目录的物理结构，包括域控制器、只读域控制器以及全局编录服务器；工作组模式与域模式等相关理论知识。

2.2 技能实践，主要讲解 AD DS 的安装、验证 AD DS 的安装、将客户端加入活动目录及创建子域等相关知识技能。

////////// **课后习题**

1. 判断题

（1）域是由网络管理员定义的一组计算机集合，它实际上就是一个网络。在这个网络中，至少有一台称为域控制器的计算机充当服务器角色。（　　）

（2）域树比域林的工作范围更大。（　　）

（3）和工作组模式相比，域模式具有更高的安全性与可靠性。（　　）

（4）安装活动目录时必须有一个静态的 IP 地址。（　　）

（5）安装活动目录时域名必须符合 DNS 规范。（　　）

（6）若直接复制虚拟机，则两台主机的 SID 是一样的。（　　）

（7）创建子域时，需要正确设置首选 DNS 服务器的 IP 地址。（　　）

（8）同一域林中的所有域都显式或者隐式地相互信任。（　　）

（9）在一台 Windows Server 2019 的计算机上安装活动目录后，计算机就成了域控制器。（　　）

（10）在一个域中，至少有一个域控制器（服务器），也可以有多个域控制器。（　　）

2. 简答题

（1）简述活动目录服务提供的功能。

（2）简述活动目录的基本概念。

（3）简述工作组模式与域模式的特点。

第3章
用户账户和组管理

本章主要讲解用户账户和组基础知识、安全策略服务管理和技能实践，包括本地用户账户管理、本地组管理、域用户账户管理、域组管理、用户账户安全策略管理、常用的系统进程与服务、成员服务器上的本地用户账户和组管理以及域控制器上的用户账户和组管理等相关内容。

【知识目标】

- 了解用户账户和组的基础知识。
- 掌握安全策略服务管理的相关内容。

【能力目标】

- 掌握配置用户账户的方法。
- 掌握配置用户组的方法。

【素养目标】

- 培养动手能力、解决实际工作问题的能力，培养爱岗敬业精神。
- 树立团队互助、进取合作的意识。

3.1 用户账户和组基础知识

在一个网络中，用户账户和计算机都是网络的主体，两者缺一不可。拥有用户账户是用户登录到网络并使用网络资源的基础，因此用户账户管理和计算机管理是 Windows 网络管理中必要且经常做的工作。

域系统管理员需要为每一个域用户分别建立一个用户账户，使其可以利用这个账户来登录域、访问域中的资源。域系统管理员同时需要了解如何有效利用组，以便高效地管理资源的访问。域系统管理员可以利用"Active Directory 管理中心"或"Active Directory 用户和计算机"窗口来建立与管理域用户账户。当用户利用域账户登录域后，便可以直接连接域内的所有成员计算机，访问有权访问的资源。换句话说，域用户在一台域成员计算机上成功登录后，要连接域内的其他成员计算机时，并不需要再登录被访问的计算机，这个功能称为单点登录。本地用户账户不具备单点登录的功能，也就是说，利用本地用户账户登录后，要连接其他计算机时，需要再次登录被访问的计算机。

在服务器升级为域控制器之前，位于本地安全数据库中的本地账户会在服务器升级为域控制器后被转移到 AD DS 数据库中，且是被放置到 Users 容器中的，可以通过"Active Directory 用户和计算机"窗口来查看本地账户的变化情况，如图 3.1 所示，也可以通过"Active Directory 管理中心"窗口来查看本地账户的变化情况，如图 3.2 所示。

图 3.1 "Active Directory 用户和计算机"窗口

图 3.2 "Active Directory 管理中心"窗口

只有在建立域中的第一台域控制器时，对应服务器原来的本地账户才会被转移到 AD DS 数据库中，建立其他域控制器时对应服务器中的本地账户并不会被转移到 AD DS 数据库中，而是被删除。

3.1.1 本地用户账户管理

Windows Server 2019 支持两种用户账户：本地账户和域账户。本地账户只能登录到一台特定的计算机，并访问其中的资源；域账户可以登录到域，并获得访问该域的权限。

本地用户账户仅允许用户登录并访问创建该账户的计算机。当创建本地用户账户时，Windows Server 2019 仅在%systemroot%\system32\config 文件夹下的安全账户管理器（Security Account Manager，SAM）数据库中创建该账户，如 C:\Windows\System32\config\SAM。

Windows Server 2019 默认有 Administrator 和 Guest 两个账户。Administrator 账户可以执行计算机管理的所有操作；而 Guest 账户是为临时访问用户设置的，默认是禁用的。

用户账户用来记录用户的用户名和口令、隶属的组、可以访问的网络资源，以及用户的个人文件和设置等相关信息。Windows Server 2019 为每个账户都提供了名称，如 Administrator、Guest

等，这些名称的作用是方便用户记忆、输入和使用。本地计算机中的用户账户是不允许相同的，而系统内部使用 SID 来识别用户身份，每个用户账户都对应一个唯一的 SID，这个 SID 在用户创建时由系统自动产生。系统指派权限、授予资源访问权限等都需要使用 SID。

Windows NT（New Technology）是微软公司发布的桌面操作系统，于 1993 年 7 月 27 日发布，该操作系统适用于一部分 Windows 计算机，且支持多处理器系统。在 Windows NT 的安全子系统中，SID 起什么作用？假设某公司有一个用户 admin，在离开公司后其账户名被注销，此后，公司又聘请了一位同名的员工，他的账户名、密码与原来的那位员工的相同，操作系统能把他们区分开吗？他们的权限是否一样？

每当创建一个账户或一个组的时候，系统会分配给该账户或组一个唯一的 SID，Windows NT 中的内部进程将引用账户的 SID，换句话说，Windows NT 对登录的用户指派权限时，表面上看是根据账户名来指派，实际上是根据 SID 进行指派的。如果创建账户后，再删除该账户，并使用相同的账户名创建另一个账户，则新账户将不具有前账户的权限，原因是即使账户被删除，它的 SID 仍然被保留，如果在计算机中再次添加一个相同名称的账户，则它将被分配一个新的 SID。域中利用账户的 SID 来决定用户的权限。

一个完整的 SID 包括用户和组的安全描述、48 位的 ID authority、修订版本、可变的验证值（Variable Sub-Authority Value）。可以使用 Windows 内置的命令 whoami 查看账户的 SID 等相关信息，如图 3.3 所示。

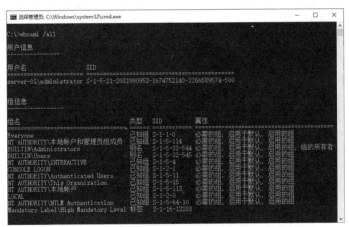

图 3.3　账户的 SID 等相关信息

在 SID 列的属性值中，前面几项是标识域的。第一项 S 表示该字符串是 SID；第二项是 SID 的版本号，对于 Windows NT 来说，版本号是 1；第三项是标识符的颁发机构（Identifier Authority），对于 Windows NT 内的账户来说，颁发机构就是 NT，其值是 5；第四项表示子颁发机构代码，这里的值为 21；中间的 30 位数据由计算机名、当前时间、当前用户线程的 CPU 耗时的总和这 3 个参数决定，以保证 SID 的唯一性；最后一项标识域内的账户和组，称为相对标识符（Relative Identifier，RID）。RID 为 500 的 SID 是系统内置的 Administrator 账户，即使重命名，其 RID 也保持为 500 不变，因此可以通过 RID 找到真正的系统内置 Administrator 账户。RID 为 501 的 SID 是 Guest 账户。在域中从 1000 开始的 RID 代表用户账户，例如，RID 为 1010 表示该域中的第 10 个账户。

在 Windows Server 2019 操作系统桌面上选择"此电脑"图标并单击鼠标右键，在弹出的快捷菜单中选择"管理"命令，打开"服务器管理器"窗口，选择"工具"→"计算机管理"→"本地用户和组"→"用户"命令，查看默认用户账户情况，如图 3.4 所示。

图 3.4　默认用户账户情况

（1）Administrator：管理计算机（域）的内置账户。

（2）DefaultAccount：系统管理的用户账户。

（3）Guest：供来宾访问计算机或访问域的内置账户。

（4）WDAGUtilityAccount：系统为 Windows Defender 应用程序防护方案管理和使用的用户账户。

3.1.2　本地组管理

对用户账户进行分组管理可以更加有效并灵活地分配设置权限，以方便管理员对 Windows Server 2019 进行具体的管理。如果 Windows Server 2019 计算机被安装为成员服务器（而不是域控制器），那么它将自动创建一些本地组。如果将特定角色添加到计算机中，则将创建额外的组，用户可以执行与该组角色对应的任务。例如，如果计算机被配置为 FTP 服务器，那么将创建管理和使用 FTP 服务的本地组。

在 Windows Server 2019 操作系统桌面上选择"此电脑"图标并单击鼠标右键，在弹出的快捷菜单中选择"管理"命令，打开"服务器管理器"窗口，选择"工具"→"计算机管理"→"本地用户和组"→"组"命令，查看默认组情况，如图 3.5 所示。

图 3.5　默认组情况

（1）Access Control Assistance Operators：此组的成员可以远程查询此计算机上资源的授权属性和权限。

（2）Administrators：此组的成员对计算机或域有不受限制的完全访问权。

（3）Backup Operators：备份操作员组的成员可以备份或还原计算机上的文件。

（4）Certificate Service DCOM Access：允许此组的成员连接到企业中的证书颁发机构。

（5）Cryptographic Operators：授权成员执行加密操作。

（6）Device Owners：此组的成员可以更改系统范围内的设置。

（7）Distributed COM Users：此组的成员允许启动、激活和使用此计算机上的分布式 COM 对象。

（8）Event Log Readers：此组的成员可以从本地计算机中读取事件日志。

（9）Guests：来宾账户和用户组的成员有同等访问权，但来宾账户的限制更多。

（10）Hyper-V Administrators：此组的成员拥有对 Hyper-V 所有功能的完全且不受限制的访问权限。

（11）IIS_IUSRS：Internet 信息服务使用的内置组。

（12）Network Configuration Operators：此组中的成员有部分管理权限来管理网络功能的配置。

（13）Performance Log Users：此组的成员可以计划进行性能计数器日志记录、启用跟踪记录提供程序，以及在本地或通过远程访问此计算机来收集事件跟踪记录。

（14）Performance Monitor Users：此组的成员可以从本地和远程访问性能计数器数据。

（15）Power Users：此组的用户的权限高于普通用户，低于管理员用户。高级用户可以向下兼容，高级用户拥有有限的管理权限。

（16）Print Operators：此组的成员可以管理在域控制器上安装的打印机。

（17）RDS Endpoint Servers：此组中的服务器运行虚拟机和主机会话，用户 RemoteApp 程序和个人虚拟桌面将在这些虚拟机和会话中运行；需要将此组填充到运行 RD 连接代理的服务器上；在部署中使用的 RD 会话主机服务器和 RD 虚拟化主机服务器需要位于此组中。

（18）RDS Management Servers：此组中的服务器可以在运行远程桌面服务的服务器上执行例程管理操作；需要将此组填充到远程桌面服务部署中的所有服务器上；必须将运行 RDS 中心管理服务的服务器包括到此组中。

（19）RDS Remote Access Servers：此组中的服务器使 RemoteApp 程序和个人虚拟桌面用户能够访问这些资源；在面向 Internet 的部署中，这些服务器通常部署在边缘网络中；需要将此组填充到运行 RD 连接代理的服务器上；在部署中使用的 RD 网关服务器和 RD Web 访问服务器需要位于此组中。

（20）Remote Desktop Users：此组的成员被授予远程登录的权限。

（21）Remote Management Users：此组的成员可以通过管理协议（例如，通过 Windows 远程管理服务实现的 Windows-Management）访问视窗管理界面（Windows Management Interface，WMI）资源，这仅适用于授予用户访问权限的 WMI 命名空间。

（22）Replicator：支持域中的文件复制。

（23）Storage Replica Administrators：此组的成员具有存储副本所有功能的不受限的完全访问权限。

（24）System Managed Accounts Group：此组的成员由系统管理。

（25）Users：此组的成员可防止用户进行有意或无意的系统范围的更改，但是可以运行大部分应用程序。

3.1.3 域用户账户管理

在 Windows Server 2019 中，在"开始"菜单中选择"Windows 管理工具"→"Active Directory 用户和计算机"命令，可以进行相关的域用户账户管理操作。

Builtin 容器中包含的是工作组模式下的所有本地组，为文件赋予权限的时候可能会用到，该容器的相关操作如图 3.6 所示。

图 3.6　Builtin 容器的相关操作

Users 是默认的可以放置活动目录对象的容器，基本上除自建的组织单位之外，这个容器中的用户和组都是使用得最广泛的，包括域管理员账户、域管理员组、企业管理员组等，该容器的相关操作如图 3.7 所示。

图 3.7　Users 容器的相关操作

1. 域用户账户的一般管理

域用户账户的一般管理是指复制、添加到组、禁用账户、重置密码、移动、剪切、删除、重命名等相关操作，在"Active Directory 用户和计算机"左侧窗格中选择"Users"选项，在右侧窗格中选择想要管理的用户账户（如 Administrator），如图 3.8 所示。

（1）禁用账户。若公司的员工因故在一段时间内无法工作，则可以先将该员工的账户禁用，待该员工回来工作时再将其重新启用。若用户账户已被禁用，则该用户账户的图形上会有一个向下的箭头符号（如图 3.8 所示的 Guest 账户）。

（2）重置密码。当用户忘记密码或密码使用期限到期时，系统管理员可以为用户设置一个新的密码。

（3）移动。账户可以被移动到同一个域内的其他组织单位或容器中。

图 3.8　指定用户相关操作

（4）添加到组。可以将一个用户账户添加到一个工作组中，该用户将拥有对应组的访问权限。

（5）重命名。可以对用户账户进行重新命名，重新命名后，该用户账户原来所拥有的权限与组关系都不会受到影响。

（6）删除。若某个用户账户以后不会再使用，则可以将此账户删除。将账户删除后，即使新建一个与原账户名称相同的用户账户，新用户账户也不会继承原账户的权限与组关系，因为系统会赋予这个新账户一个新的 SID，系统是利用 SID 来记录用户的权限与组关系的，对系统来说，这是两个不同的账户。

2. 设置域用户账户的属性

每一个域用户账户内都有一些相关的属性信息，如电话号码、电子邮件、网页等，域用户可以通过这些属性来查找 AD DS 数据库内的用户账户。例如，通过电话号码来查找用户账户。因此，为了更容易地找到所需要的用户账户，这些属性信息越完整越好。下面通过"Active Directory 用户和计算机"窗口来介绍用户账户的部分属性。双击要设置的用户账户 user-01，弹出"user-01 属性"对话框，如图 3.9 所示。

在用户账户属性对话框中，包含"环境""会话""远程控制""远程桌面服务配置文件""COM+""常规""地址""账户""配置文件""电话""组织""隶属于""拨入"等选项卡，可以对用户账户属性进行相关设置。例如，选择"账户"选项卡，勾选"解锁账户"复选框，可以对账户进行解锁；可以对"账户选项"进行设置；在"账户过期"选项组中，可以通过单击"永不过期"或"在这之后"单选按钮来设置账户的有效期限，如图 3.10 所示。

图 3.9　"user-01 属性"对话框

图 3.10　"账户"选项卡

3.1.4　域组管理

在 Windows Server 2019 中，在"开始"菜单中选择"Windows 管理工具"→"Active Directory 用户和计算机"命令，打开"Active Directory 用户和计算机"窗口，在左侧窗格中选择"Users"选项，在右侧窗格中选择想要管理的组（如 Domain Adminis），进行域组管理相关操作，如图 3.11 所示。

图 3.11　域组管理相关操作

1. 域内的组类型

使用组（Group）来管理用户账户，能够减轻许多网络管理的负担。针对组设置权限后，组内的所有用户账户都会自动拥有对应权限，因此不需要分别设置各个用户账户。域组账户也都有唯一的 SID。使用命令 whoami /users 可查看当前用户账户的信息和 SID；使用命令 whoami /groups 可查看当前用户账户的组成员信息、账户类型、SID 和属性，如图 3.12 所示；使用命令 whoami /? 可查看该命令的常见用法。

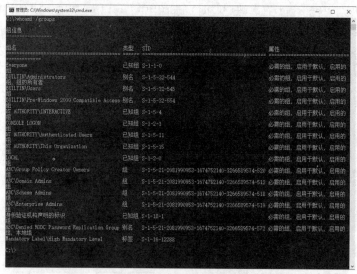

图 3.12　显示当前用户账户的组成员等相关信息

AD DS 的域组分为安全组（Security Group）和通信组（Distribution Group）两种类型，它们之间可以相互转换。

（1）安全组。它可以被用来分配权限，可以指定安全组对文件具备读取的权限；也可以用在与安全无关的工作中，可以给安全组发送电子邮件。

（2）通信组。它被用在与安全（权限设置等）无关的工作中，可以给通信组发送电子邮件，但是无法为通信组分配权限。

2. 组作用域

从组的使用范围来看，域内的组分为本地域组（Domain Local Group）、全局组（Global Group）和通用组（Universal Group）。

（1）本地域组

本地域组主要被用来分配其所属域内的访问权限，以便访问该域内的资源。本地域组的成员可以包含任何一个域的用户账户、全局组、通用组，也可以包含相同域内的本地域组，但无法包含其他域内的本地域组。本地域组只能访问该域内的资源，无法访问其他不同域内的资源。换句话说，在设置权限时，只可以设置相同域内的本地域组的权限，无法设置其他不同域内的本地域组的权限。

内置的本地域组本身已经被赋予了一些权限，以便让其具备管理 AD DS 域的能力。只要将用户账户或组账户加入这些组内，这些账户就会自动具备相同的权限。

下面是 Users 容器中常用的本地域组。

① Allowed RODC Password Replication Group：允许将此组中成员的密码复制到域中的所有只读域控制器上。

② Cert Publishers：此组的成员被允许发布证书到目录下。

③ Denied RODC Password Replication Group：不允许将此组中成员的密码复制到域中的所有只读域控制器上。

④ DnsAdmins：DNS Administrators 组。

⑤ RAS and IAS Servers：此组中的服务器可以访问用户的远程访问属性。

下面是 Builtin 容器中常用的本地域组。

① Account Operators：此组的成员可以管理域用户账户和组账户。

② Administrators：此组的成员对计算机或域有不受限制的完全访问权。

③ Backup Operators：此组的成员为了备份或还原文件可以替代安全限制。

④ Event Log Readers：此组的成员可以从本地计算机中读取事件日志。

⑤ Guests：来宾和用户组的成员有同等访问权，但来宾账户的限制更多。

⑥ IIS_IUSRS：Internet 信息服务使用的内置组。

⑦ Print Operators：此组的成员可以管理在域控制器上安装的打印机。

⑧ Remote Desktop Users：此组的成员被授予远程登录的权限。

⑨ Server Operators：此组的成员可以管理域服务器。

⑩ Users：此组的成员可防止用户进行有意或无意的系统范围的更改，但是可以运行大部分应用程序。

（2）全局组

全局组主要用来组织用户账户，也就是可以将多个即将被赋予相同权限的用户账户加入同一个全局组内。全局组内的成员只可以包含相同域内的用户账户与全局组。全局组可以访问任何一个域内的资源，也就是说，可以在任何一个域内设置全局组的权限，这个全局组可以位于任何一个域内，以便使此全局组具备权限来访问域内的资源。

AD DS 内置的全局组本身没有任何权限，但是可以将其加入具备权限的本地域组内，或直接为其分配权限，这些内置全局组位于 Users 容器中。

① Cloneable Domain Controllers：可以克隆此组中作为域控制器的成员。

② DnsUpdateProxy：允许代替其他客户端（如 DHCP 服务器）执行动态更新的 DNS 客户端。

③ Domain Admins：指定的域管理员。

④ Domain Computers：加入域中的所有工作站和服务器。

⑤ Domain Controllers：域中的所有域控制器。

⑥ Domain Guests：域的所有来宾。

⑦ Domain Users：所有域用户。

⑧ Group Policy Creator Owners：此组的成员可以修改域的组策略。

⑨ Key Admins：此组的成员可以对域中的密钥对象执行管理操作。

⑩ Protected Users：此组的成员将受到针对身份验证安全威胁的额外保护。

（3）通用组

通用组可以在所有域内为通用组成员分配访问权限，以便访问所有域内的资源。通用组具备所有域的特性，其成员可以包含域林中任何一个域内的用户、全局组、通用组，但是它无法包含任何一个域内的本地域组。通用组可以访问任何一个域内的资源，也就是说，可以在任何一个域内设置通用组的权限，这个通用组可以位于任何一个域内，以便让此通用组具备权限来访问域内的资源，这些内置通用组位于 Users 容器中。

① Enterprise Admins：企业的指定系统管理员。

② Enterprise Key Admins：此组的成员可以对域林中的密钥对象执行管理操作。

③ Enterprise Read-only Domain Controllers：此组的成员是企业中的只读域控制器。

④ Schema Admins：架构的指定系统管理员。

3.2 安全策略服务管理

对于网络操作系统或服务器操作系统，高性能、高可靠性和高安全性是其必备要素，日趋复杂的企业应用和 Internet 应用对操作系统提出了更高的要求，因此安全的操作系统需要对用户账户与系统安全策略服务进行必要的管理。

3.2.1 用户账户安全策略管理

随着密码破解工具的不断进步，用于破解密码的计算机也比以往更为强大，弱密码很容易被破解，强密码则难以破解。系统用户账户密码的"暴力"破解主要基于密码匹配的破解方法，其基本方法有两种：穷举法和字典法。穷举法是效率最低的方法，将字符或数字按照穷举的规则生成字符串，进行遍历尝试。在密码稍微复杂的情况下，穷举法的破解效率很低。字典法相对来说效率较高，用密码字典中事先定义的常用字符去尝试匹配密码。密码字典是一个很大的文本文件，可以通过自己编辑或者由字典工具生成，其中包含了单词或者数字的组合。如果密码是一个单词或者简单的数字组合，那么可以很轻易地破解密码。理论上讲，只要有足够多的时间，就可以破解任何密码，即使如此，破解强密码也远比破解弱密码困难。因此，安全的计算机需要对所有账户都使用强密码。

1. 用户账户命名规则

（1）账户名必须唯一。本地账户名在本地计算机上必须是唯一的。

（2）账户名最长不能超过 20 个字符。

（3）账户名不能包含*、?、|、;、=、+、<、>、\、/、[、]等特殊符号。

2. 强密码原则

操作系统一定要给 Administrator 账户指定一个强密码,以防止他人随意使用该账户。Windows Server 2019 支持最多由 128 个字符组成的密码,其中包括以下 3 类字符。

（1）英文大、小写字母。

（2）阿拉伯数字 0、1、2、3、4、5、6、7、8、9。

（3）键盘上的符号。键盘上所有未定义为字母和数字的字符,但应为半角状态。

一般来说,强密码应该遵循以下原则。

（1）密码应该不少于 6 个字符。

（2）同时包含上述 3 种类型的字符。

（3）不包含完整的字典词汇。

（4）不包含用户名、真实姓名、生日或公司名称等。

3. 账户安全策略

增强操作系统的安全性,除启用强密码外,操作系统本身也有账户的安全策略。账户安全策略包含密码策略和账户锁定策略。在密码策略中,可以增加密码复杂度,从而提高"暴力"破解的难度,增强安全性。在账户锁定策略中,可以进行设置账户锁定时间、账户锁定阈值以及重置账户锁定计数器等相关操作。

可以使用以下 4 种方法打开密码策略设置窗口。

（1）在 Windows Server 2019 中,在"开始"菜单中选择"Windows 管理工具"→"本地安全策略"命令,打开"本地安全策略"窗口,选择"安全设置"→"账户策略"→"密码策略"选项,如图 3.13 所示。

（2）在 Windows Server 2019 操作系统桌面上选择"此电脑"图标并单击鼠标右键,在弹出的快捷菜单中选择"管理"命令,打开"服务器管理器"窗口,选择"工具"→"本地安全策略"命令,打开"本地安全策略"窗口,选择"安全设置"→"账户策略"→"密码策略"选项,如图 3.13 所示。

（3）在 Windows Server 2019 中,按"Win+R"组合键,弹出"运行"对话框,输入 secpol.msc 命令,打开"本地安全策略"窗口,选择"安全设置"→"账户策略"→"密码策略"选项,如图 3.13 所示。

图 3.13 "本地安全策略"窗口

（4）在 Windows Server 2019 中,按"Win+R"组合键,弹出"运行"对话框,输入 gpedit.msc

命令，打开"本地组策略编辑器"窗口，选择"计算机配置"→"Windows 设置"→"安全设置"→"账户策略"→"密码策略"选项，如图 3.14 所示。

图 3.14 "本地组策略编辑器"窗口

针对不同的企业安全需求，微软公司给出了设置建议，如表 3.1 所示。

表 3.1 密码策略设置建议

策略	本地设置
密码必须符合复杂性要求	已启用
密码长度最小值	7 个字符
密码最短使用期限	1 天
密码最长使用期限	42 天
强制密码历史	24 个记住的密码
用可还原的加密来存储密码	已禁用

（1）密码必须符合复杂性要求

此安全设置用于确定密码是否必须符合复杂性要求。如果启用此策略，则密码必须符合下列最低要求。

① 不能包含用户的账户名，不能包含用户姓名中超过两个连续字符的部分。

② 至少有 6 个字符。

③ 包含以下 4 类字符中的 3 类。

英文大写字母（A 到 Z）；英文小写字母（a 到 z）；10 个基本数字（0 到 9）；非字母字符（如!、$、#、%）。

默认值：在域控制器上启用，在独立服务器上禁用。

> **注意** 在默认情况下，成员计算机沿用各自域控制器的配置。

（2）密码长度最小值

此安全设置用于确定用户账户密码包含的最少字符数，可以将其设置为在 1 到 20 个字符之间，或者设置为 0，以确定不需要密码。

　　默认值：在域控制器上为 7，在独立服务器上为 0。

注意 在默认情况下，成员计算机沿用各自域控制器的配置。

　　（3）密码最短使用期限

　　此安全设置用于确定在用户更改某个密码之前必须使用该密码一段时间（以天为单位），可以设置为 1~998，或者将该值设置为 0，以允许立即更改密码。

　　密码最短使用期限必须小于密码最长使用期限，除非将密码最长使用期限设置为 0，指明密码永不过期。如果将密码最长使用期限设置为 0，则可以将密码最短使用期限设置为 0~998 中的任何值。

　　如果希望"强制密码历史"有效，则需要将密码最短使用期限设置为大于 0 的值。如果没有设置密码最短使用期限，则用户可以循环选择密码，直到获得期望的旧密码。默认设置没有遵从此建议，以便管理员能够为用户指定密码，并要求用户在登录时更改管理员定义的密码。如果将强制密码历史设置为 0，则用户将不必选择新密码。因此，默认情况下将强制密码历史设置为 1。

　　默认值：在域控制器上为 1，在独立服务器上为 0。

注意 在默认情况下，成员计算机沿用各自域控制器的配置。

　　（4）密码最长使用期限

　　此安全设置用于确定在系统要求用户更改某个密码之前可以使用该密码的期限（以天为单位），可以将密码设置为在某些天数（1~999）后到期，或者将该值设置为 0，以指定密码永不过期。如果密码最长使用期限在 1 到 999 天之间，则密码最短使用期限必须小于密码最长使用期限。

注意 安全操作是将密码设置为 30~90 天后过期，具体取决于用户的环境，默认值为 42，这样，攻击者用来破解用户密码及访问网络资源的时间将受到限制。

　　（5）强制密码历史

　　此安全设置用于确定再次使用某个旧密码之前必须与某个用户账户关联的唯一新密码数。该值必须在 0 到 24 之间。此策略使管理员能够通过确保旧密码不被连续重新使用来增强安全性。

　　默认值：在域控制器上为 24，在独立服务器上为 0。

注意 在默认情况下，成员计算机沿用各自域控制器的配置，若要维护密码历史的有效性，则要同时启用密码最短使用期限安全策略设置，不允许在密码更改之后立即再次更改密码。

　　（6）用可还原的加密来存储密码

　　此安全设置用于确定操作系统是否使用可还原的加密来存储密码。此策略为某些应用程序提供支持，这些应用程序使用的协议需要用户密码来进行身份验证。使用可还原的加密存储密码与存储纯文本密码在本质上是相同的。因此，除非应用程序需求比保护密码信息更重要，否则绝不要启用此策略。通过远程访问或 Internet 验证服务（Internet Authentication Service，IAS）使用挑战握手身份验证协议（Challenge Handshake Authentication Protocol，CHAP）验证时需要设置此策略。在 IIS 中使用摘要式身份验证时也需要设置此策略。此安全设置默认为禁用状态。

在上面的密码策略中加强了密码的复杂度，以及强迫密码的位数，但是并不能够完全抵抗使用字典文件的"暴力"破解法，还需要制定账户锁定策略，如图 3.15 所示。例如，3 次无效登录后就锁定账户，使字典文件的穷举法无法执行。

图 3.15　账户锁定策略

4．重新命名 Administrator 账户

因为 Windows Server 2019 的默认管理员账户 Administrator 已众所周知，所以该账户通常为攻击者猜测密码攻击的对象。为了降低这种威胁，可以将 Administrator 重新命名，打开"服务器管理器"窗口，选择"工具"→"计算机管理"命令，打开"计算机管理"窗口，选择"Administrator"选项并单击鼠标右键，在弹出的快捷菜单中选择"重命名"命令，如图 3.16 所示，即可为该账户进行重命名。

图 3.16　重新命名 Administrator

5．创建一个陷阱账户

在设置完账户策略后，再创建一个名为 Administrator 的本地账户，为其设置最低的权限，并添加一个超过 10 位的复杂密码，这样可以进一步提高系统的安全性。

6．禁用或删除不必要的账户

在"计算机管理"窗口中查看系统的活动账户列表，并禁用所有非活动账户，特别是 Guest 账户，删除或者禁用不再需要的账户。

3.2.2　常用的系统进程与服务

进程与服务是 Windows NT 性能管理中常常接触的内容，科学地管理进程与服务能提升系统的性能。对 Windows NT 常用系统进程和服务的管理、系统日志的管理，可以保护操作系统的安全。

1．进程的概念

进程是操作系统中基本且重要的概念。进程为应用程序的运行实例，是应用程序的一次动态执行。可以将进程理解为操作系统当前运行的程序。程序是指令的有序集合，本身没有任何运行的含义，是一个静态的概念。而进程是程序在处理器中的一次执行过程，是一个动态的概念。例如，当运行记事本程序（Notepad）时，就创建了一个用来容纳组成 Notepad.exe 的代码及其所需调用

动态链接库的进程。每个进程均运行在其专用且受保护的地址空间内。因此，如果同时运行记事本程序的两个实例，则该程序正在使用的数据在各自实例中是彼此独立的。在记事本程序的一个实例中将无法看到该程序的第二个实例打开的数据。进程可以分为系统进程和用户进程：凡是用于实现操作系统的各种功能的进程就是系统进程，它们是处于运行状态下的操作系统本身；用户进程就是所有由用户启动的进程。进程是操作系统进行资源分配的单位，在 Windows 下进程又被细化为线程，也就是一个进程下有多个能独立运行的更小的单位。

对应用程序来说，进程像一个大容器。在应用程序启动后，就相当于将应用程序装入容器，可以向容器中添加其他东西，如应用程序在运行时所需的变量数据等。一个进程可以包含若干线程，线程可以帮助应用程序同时做几件事，如一个线程向磁盘写入文件，另一个线程监听用户的按键操作，并及时做出反应，互相不干扰。在程序被运行后，系统首先要做的就是为该程序进程建立一个默认的线程，此后，程序可以根据需要自行添加或删除相关的线程。

进程可以简单地理解为运行中的程序，需要占用内存、CPU 时间等系统资源。Windows NT 支持多用户、多任务，即支持并行运行多个程序。为此，内核不仅要有专门的代码负责为进程或线程分配 CPU 时间，还要开辟一段内存区域，用来存放记录这些进程详细情况的数据结构。内核就是通过这些数据结构知道系统中有多少进程及各进程的状态等信息的。换句话说，这些数据结构就是内核感知进程存在的依据。因此，只要修改这些数据结构，就能达到隐藏进程的目的。

2. 系统的关键进程

系统进程又可以分为系统的关键进程和一般进程。

一般可通过 Windows NT 的任务管理器窗口（按"Ctrl+Alt+Delete"组合键打开）来查看系统进程，其能够提供很多信息，如现在系统中运行的进程、进程 ID（Process Identification，PID）、内存情况等，如图 3.17 所示。

图 3.17 "任务管理器"窗口

Windows NT 的关键进程是系统运行的基本条件，有了这些进程，系统才能正常运行。系统的关键进程列举如下。

（1）smss.exe：会话管理器进程，负责启动用户会话，用于初始化系统变量，并对许多活动的进程和设定的系统变量做出反应。

（2）csrss.exe：子系统服务器进程，用于管理 Windows 图形的相关任务，用于维持 Windows 的控制，该进程崩溃时系统会蓝屏。

（3）winlogon.exe：Windows NT 用户登录进程，此进程用于管理用户登录，在用户按"Ctrl+Alt+Delete"组合键时被激活，弹出安全对话框。

（4）services.exe：系统服务进程，用于管理启动和停止服务，包含很多系统服务，其对系统的正常运行是非常重要的。

（5）lsass.exe：它是一个系统进程，用于管理 Windows 系统的安全机制。

（6）svchost.exe：它是一个系统的核心进程，包含很多系统服务，在启动的时候会检查注册表中的位置以构建需要加载的服务列表。多个 svchost.exe 可以在同一时刻运行，每个 svchost.exe 在会话期间包含一组服务，单独的服务必须依靠 svchost.exe 获知怎样启动和在哪里启动。

（7）spoolsv.exe：它是打印进程，将文件加载到内存中以便之后打印，管理缓冲池中的打印和传真作业。

（8）explorer.exe：Windows 资源管理器进程，用于管理桌面进程。

（9）wininit.exe：Windows NT 6.x 系统的一个核心进程，用于开启一些主要的 Windows NT 后台服务，如中央服务管理器、本地安全验证子系统和本地会话管理器。该进程不能强制结束，否则计算机会蓝屏。

（10）system：PID 最小的 Windows 系统进程，控制着系统核心模块（Kernel Model）的操作，是不能被关闭的。如果 system 的 CPU 利用率为 100%，则表示系统的核心模块一直在运行系统进程。没有 system 进程，系统就无法启动。

（11）System Idle：系统空闲进程，运行在每个处理器中，其会在 CPU 空闲的时候发出 Idle 命令，使 CPU 挂起（暂时停止工作），可有效地降低 CPU 内核的温度，在操作系统服务中没有禁止该进程的选项；其默认占用除当前应用程序所分配的 CPU 之外的所有 CPU；一旦应用程序发出请求，处理器就会立刻响应。这个进程中出现的 CPU 占用数值并不是真正的占用数值，而是 CPU 空闲率的体现，也就是说，这个数值越大，CPU 的空闲率就越高；反之，CPU 的占用率就越高。

（12）System interrupts：系统中断进程，是 Windows 的官方组成部分，尽管它在任务管理器中显示为一个进程，但它不是传统意义上的进程，而是一个聚合占位符，用于显示计算机中发生的所有硬件中断使用的系统资源。

3. 系统的一般进程

系统的一般进程不是系统必需的，可以根据需要通过服务管理器来增加或减少。系统的一般进程列举如下。

（1）internat.exe：托盘区的拼音图标。

（2）mstask.exe：允许程序在指定时间运行。

（3）winmgmt.exe：提供系统管理信息。

（4）lserver.exe：注册客户端许可证。

（5）ups.exe：管理连接到计算机的不间断电源。

（6）dns.exe：应答对 DNS 名称的查询和更新请求。

（7）ntfrs.exe：在多个服务器间维护文件目录内容的文件同步。

（8）dmadmin.exe：磁盘管理请求的系统管理服务。

（9）smlogsvc.exe：配置性能日志和警报。

（10）mnmsrvc.exe：允许有权限的用户使用 NetMeeting 远程访问 Windows 桌面。

4. Windows 系统服务

在 Windows 中，服务是指执行指定系统功能的程序、进程等，用于支持其他程序，尤其是低层程序的运行。服务是一种应用程序类型，在后台长时间运行，不显示窗口，通常可以在本地和通过网络为用户提供一些功能，如客户端/服务器应用程序、Web 服务器、数据库服务器及其他基于服务器的应用程序。

对系统服务的操作可以通过服务管理器来实现，以管理员 Administrator 或 Administrators 组成员身份登录。可以使用以下 4 种方式打开服务管理器。

（1）在 Windows Server 2019 中，在"开始"菜单中选择"Windows 管理工具"→"服务"命令，打开"服务"窗口，如图 3.18 所示。

（2）在 Windows Server 2019 操作系统桌面上选择"此电脑"图标并单击鼠标右键，在弹出的快捷菜单中选择"管理"命令，打开"服务器管理器"窗口，选择"工具"→"服务"命令，打开"服务"窗口，如图 3.18 所示。

（3）在 Windows Server 2019 中，按"Win+R"组合键，弹出"运行"对话框，输入 services.msc 命令，打开"服务"窗口，如图 3.18 所示。

（4）在 Windows Server 2019 操作系统桌面上选择"此电脑"图标并单击鼠标右键，在弹出的快捷菜单中选择"管理"命令，打开"服务器管理器"窗口，选择"工具"→"计算机管理"命令，打开"计算机管理"窗口，选择"服务和应用程序"→"服务"选项，如图 3.19 所示。

图 3.18 "服务"窗口

图 3.19 "计算机管理"窗口

在"服务管理器"窗口中双击任意一个服务，如 Certificate Propagation，即可弹出该服务的属性对话框，如图 3.20 所示。

图 3.20 Certificate Propagation 服务的属性对话框

在该服务的属性对话框中，可以选择启动类型。任意一个服务通常有 3 种启动类型，即"自动""手动""禁用"，只要在"启动类型"下拉列表中选择相关选项，就可以更改服务的启动类型。

"服务状态"是指服务现在的状态，通常可以利用"启动""停止""暂停""恢复"按钮来改变服务的状态。

Windows 中有强大的 MS-DOS 命令，sc 命令用于与服务管理器和服务进行通信，可以使用该命令来测试和调试服务程序，其语法格式如图 3.21 所示。

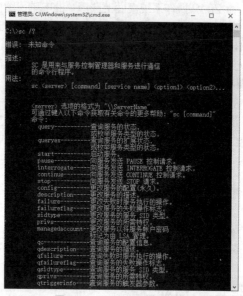

图 3.21　sc 命令的语法格式

其常用命令格式及命令的相关注释如下。

（1）sc　query 服务名：查询服务的状态（如果服务名中间有空格，则需要加引号）。

（2）sc　start　服务名：启动服务。

（3）sc　stop　服务名：向服务发送 STOP 请求。

（4）sc　qc　　服务名：查询服务的配置信息。

（5）sc　pause 服务名：向服务发送 PAUSE 控制请求。

（6）sc　config　start=disabled　服务名：禁用服务。

3.3　技能实践

为了使网络管理更为方便，也为了减轻以后维护的负担，需要使用成员服务器上的本地用户账户和组或域控制器上的用户账户和组来管理网络资源。

3.3.1　成员服务器上的本地用户账户和组管理

在成员服务器上使用本地用户账户和组来管理网络资源，用户可以在成员服务器上以本地管理员账户登录，使用"计算机管理"窗口中的"本地用户和组"管理单元来创建本地用户账户时，用户必须拥有管理员权限。

1. 创建新用户账户

（1）打开"服务器管理器"窗口，选择"工具"→"计算机管理"命令，

V3-1　成员服务器上的本地用户账户和组管理

打开"计算机管理"窗口，在"计算机管理"窗口中，选择"本地用户和组"→"用户"选项并单击鼠标右键，在弹出的快捷菜单中选择"新用户"命令，如图 3.22 所示。

图 3.22 选择"新用户"命令

（2）弹出"新用户"对话框，输入用户名、全名、描述和密码，如图 3.23 所示。设置密码时，密码要满足密码策略的要求，否则会弹出提示"密码不满足密码策略的要求。检查最小密码长度、密码复杂性和密码历史的要求。"的对话框。可以设置密码选项，包括"用户下次登录时须更改密码""用户不能更改密码""密码永不过期""账户已禁用"等。设置完成后，单击"创建"按钮，新增用户账户 xx_student01。用户账户创建完成后，单击"关闭"按钮，返回"计算机管理"窗口。

2. 设置本地用户账户的属性

用户账户不只包括用户名和密码等信息，为了管理和使用方便，一个用户账户还包括其他属性，如用户账户隶属于的用户组、远程控制、远程桌面服务配置文件等。

在"计算机管理"窗口的右侧窗格中，双击刚建立的用户账户 xx_student01，弹出"xx_student01 属性"对话框，如图 3.24 所示。

图 3.23 "新用户"对话框

图 3.24 "xx_student01 属性"对话框

（1）"常规"选项卡

在"常规"选项卡中，可以设置与用户账户有关的描述信息，如全名、描述、密码选项等。

（2）"隶属于"选项卡

"隶属于"选项卡如图 3.25 所示，在其中可以设置将用户账户加入其他本地组。为了管理方便，通常需要为用户组分配与设置权限。用户属于哪个组，就具有哪个组的权限。新增的用户账户默认加入 Users 组。Users 组的用户一般不具备一些特殊权限，如安装应用程序、修改系统设置等。所以当要分配给这个用户账户一些权限时，可以将用户账户加入其他组，也可以单击"删除"按钮，将该用户账户从当前用户组中删除。

将用户账户 xx_student01 添加到管理员组的操作如下。

在"隶属于"选项卡中，单击"添加"按钮，弹出"选择组"对话框，如图 3.26 所示。在"选择组"对话框中，单击"高级"按钮，展开"一般性查询"选项组，单击"立即查找"按钮，并在"搜索结果"列表框中选择要查询的组，如图 3.27 所示。单击"确定"按钮，收起"一般性查询"选项组，添加可用的组，如图 3.28 所示，单击"确定"按钮，返回"xx_student01 属性"对话框。

图 3.25　"隶属于"选项卡

图 3.26　"选择组"对话框

图 3.27　选择要查询的组

图 3.28　添加可用的组

（3）"配置文件"选项卡

在"配置文件"选项卡中可以设置用户账户的配置文件路径、登录脚本和主文件夹路径，如图 3.29 所示。当用户账户第一次登录到某台计算机上时，Windows Server 2019 根据默认用户配置文件自动创建一个用户配置文件，并将其保存在计算机中。默认用户账户配置文件位于"C:\用户\default"文件夹下，该文件夹是隐藏文件夹，用户账户 xx_student01 的配置文件位于"C:\用户\xx_student01"文件夹下。

（4）"环境"选项卡

在"环境"选项卡中可以配置远程桌面服务启动环境，这些设置会代替客户端所指定的设置，如图 3.30 所示。

图 3.29 "配置文件"选项卡

图 3.30 "环境"选项卡

（5）"会话"选项卡

在"会话"选项卡中可以进行远程桌面服务超时和重新连接设置，如图 3.31 所示。

（6）"远程控制"选项卡

在"远程控制"选项卡中可以进行远程桌面服务远程控制设置，如图 3.32 所示。

图 3.31 "会话"选项卡

图 3.32 "远程控制"选项卡

（7）"远程桌面服务配置文件"选项卡

在"远程桌面服务配置文件"选项卡中可以配置远程桌面服务用户配置文件，此配置文件中的设置适用于远程桌面服务，如图 3.33 所示。

（8）"拨入"选项卡

在"拨入"选项卡中可以进行网络访问权限、回拨选项、分配静态 IP 地址、应用静态路由等相关设置，如图 3.34 所示。

图 3.33　"远程桌面服务配置文件"选项卡　　　　　图 3.34　"拨入"选项卡

3.　创建本地组

（1）打开"服务器管理器"窗口，选择"工具"→"计算机管理"命令，打开"计算机管理"窗口，在"计算机管理"窗口中选择"本地用户和组"→"组"选项并单击鼠标右键，在弹出的快捷菜单中选择"新建组"命令，如图 3.35 所示。

图 3.35　选择"新建组"命令

（2）弹出"新建组"对话框，输入组名、描述，如图 3.36 所示，单击"创建"按钮，完成组 xx_group01 的新建，单击"关闭"按钮，返回"计算机管理"窗口。

（3）双击组"xx_group01"，弹出"xx_group01 属性"对话框，如图 3.37 所示，单击"添加"按钮，弹出"选择用户"对话框，单击"高级"按钮，展开"一般性查询"选项组，单击"立即查找"按钮，在"搜索结果"列表框中选择要添加的用户账户 xx_student01，如图 3.38 所示，单击"确定"按钮，收起"一般性查询"选项组，添加用户账户 xx_student01，如图 3.39 所示，单击"确定"按钮，返回"计算机管理"窗口。

图 3.36 "新建组"对话框

图 3.37 "xx_group01 属性"对话框

图 3.38 选择用户账户 xx_student01

图 3.39 添加用户账户 xx_student01

4. 删除本地用户账户和组

当用户账户和组不再需要时，可以将其删除。因为删除用户账户和组会导致与对应用户账户和组有关的所有信息遗失，所以在删除之前最好确认删除的必要性或者考虑使用其他方法，如禁用用户账户。许多企业给临时员工设置了 Windows 账户，当临时员工离开企业时将对应账户禁用，新来的临时员工需要使用该账户时只需要对其进行重命名即可。在"计算机管理"窗口中，选择要删除的用户账户或组并单击鼠标右键，就可以通过弹出的快捷菜单执行删除操作，但是系统内置的用户账户是不能删除的，如 Administrator。

5. 使用命令管理本地用户账户和组

以管理员身份登录到成员服务器，按"Win+R"组合键，弹出"运行"对话框，输入 cmd 命令，如图 3.40 所示，单击"确定"按钮，打开"命令提示符"窗口，在"命令提示符"窗口中，可以使用 net 命令来管理本地用户账户和组，可以使用 net /?命令来查看 net 命令的语法格式，如图 3.41 所示。

图 3.40 "运行"对话框　　　　　　图 3.41 net 命令的语法格式

（1）创建用户账户 user01，设置其密码为 Lncc@123（注意必须符合密码复杂度要求），命令如下。

```
net  user  user01  Lncc@123  /add
```

命令执行结果如图 3.42 所示。

（2）查看当前用户账户列表，命令如下。

```
net  user
```

命令执行结果如图 3.43 所示。

图 3.42 创建用户账户 user01　　　　图 3.43 当前用户账户列表

（3）修改用户账户 user01 的密码，将密码修改为 Lncc@456（注意必须符合密码复杂度要求），命令如下。

```
net  user  user01  Lncc@456
```

命令执行结果如图 3.44 所示。

（4）创建本地组 xx_localgroup01，命令如下。

```
net  localgroup  xx_localgroup01  /add
```

命令执行结果如图 3.45 所示。

图 3.44 修改用户账户 user01 的密码　　图 3.45 创建本地组 xx_localgroup01

（5）查看当前本地组列表，命令如下。

```
net  localgroup
```

命令执行结果如图 3.46 所示。

（6）将用户账户 user01 添加到组 xx_localgroup01 中，命令如下。

```
net  localgroup  xx_localgroup01  user01  /add
```

命令执行结果如图 3.47 所示。

图 3.46　当前本地组列表

图 3.47　将用户账户 user01 添加到组 xx_localgroup01 中

（7）查看组 xx_localgroup01 中的用户账户信息，命令如下。

```
net  localgroup  xx_localgroup01
```

命令执行结果如图 3.48 所示。

（8）删除组 xx_localgroup01 中的用户账户 user01，命令如下。

```
net  localgroup  xx_localgroup01  user01  /del
```

命令执行结果如图 3.49 所示。

图 3.48　组 xx_localgroup01 中的用户账户信息　　图 3.49　删除组 xx_localgroup01 中的用户账户 user01

（9）删除用户账户 user01，命令如下。

```
net  user  user01  /del
```

命令执行结果如图 3.50 所示。

（10）删除组 xx_localgroup01，命令如下。

```
net  localgroup  xx_localgroup01  /del
```

命令执行结果如图 3.51 所示。

图 3.50　删除用户账户 user01　　　　　图 3.51　删除组 xx_localgroup01

3.3.2　域控制器上的用户账户和组管理

Windows Server 2019 支持域账户和组管理，域账户可以登录到域以获得访问其中资源的权限。

1. 项目规划

某公司目前正在实施一个项目。该项目由总公司的项目部 OU_project_A01 和分公司的项目部 OU_project_B01 共同完成，需要创建一个共享目录，总公司的项目部和分公司的项目部需要对共享目录有写入和删除权限。公司决定在子域控制器 lncc.abc.com 上创建临时共享目录 project_share01，网络拓扑结构图如图 3.52 所示。

V3-2　域控制器上的用户账户和组管理

图 3.52　网络拓扑结构图

（1）父域控制器为 abc.com，主机名为 server-01，IP 地址为 192.168.100.100/24，网关为 192.168.100.2，DNS 服务器的 IP 地址为 192.168.100.100。

（2）子域控制器为 lncc.abc.com，主机名为 DC1.lncc.abc.com，IP 地址为 192.168.100.101/24，网关为 192.168.100.2，首选 DNS 服务器的 IP 地址为 192.168.100.100，备选 DNS 服务器的 IP 地址为 192.168.100.101。

（3）在父域控制器上创建组织单位 OU_project_A01；创建总公司项目部用户账户 project_userA01、project_userA02；创建全局组 project_groupA01；将总公司项目部用户账户 project_userA01、project_userA02 加入全局组 project_groupA01。

（4）在子域控制器上创建组织单位 OU_project_B01；创建分公司项目部用户账户 project_

userB01、project_userB02；创建全局组 project_groupB01；将分公司项目部用户账户 project_userB01、project_userB02 加入全局组 project_groupB01；创建本地域组 project_localgroupB01，将全局组 project_groupB01 加入本地域组 project_localgroupB01。

2. 项目实施

（1）在子域控制器 DC1.lncc.abc.com 上创建组织单位 OU_project_B01。打开"Active Directory 用户和计算机"窗口，选择"lncc.abc.com"选项并单击鼠标右键，在弹出的快捷菜单中选择"新建"→"组织单位"命令，如图 3.53 所示，弹出"新建对象-组织单位"对话框，输入组织单位名称 OU_project_B01，勾选"防止容器被意外删除"复选框，如图 3.54 所示。

图 3.53 选择"组织单位"命令

图 3.54 "新建对象-组织单位"对话框

（2）单击"确定"按钮，返回"Active Directory 用户和计算机"窗口，选择刚创建的组织单位 OU_project_B01 并单击鼠标右键，在弹出的快捷菜单中选择"新建"→"用户"命令，如图 3.55 所示，弹出"新建对象-用户"对话框，如图 3.56 所示，创建用户账户 project_userB01、project_userB02。

图 3.55 选择"用户"命令

图 3.56 "新建对象-用户"对话框

（3）在"新建对象-用户"对话框中，单击"下一步"按钮，进入密码设置界面，如图 3.57 所示，输入密码，单击"下一步"按钮，进入用户创建完成界面，如图 3.58 所示。

（4）创建全局组 project_groupB01。选择刚创建的组织单位 OU_project_B01 并单击鼠标右键，在弹出的快捷菜单中选择"新建"→"组"命令，弹出"新建对象-组"对话框，如图 3.59 所示，输入组名 project_groupB01，在"组作用域"选项组中单击"全局"单选按钮，创建全局组 project_groupB01。单击"确定"按钮，返回"Active Directory 用户和计算机"窗口，双击刚创建的全局组 project_groupB01，弹出"project_groupB01 属性"对话框，如图 3.60 所示。

图 3.57　密码设置界面

图 3.58　用户创建完成界面

图 3.59　"新建对象-组"对话框

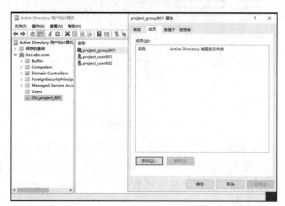

图 3.60　"project_groupB01 属性"对话框

（5）将分公司项目部用户账户 project_userB01、project_userB02 加入全局组 project_groupB01。在"project_groupB01 属性"对话框中，单击"添加"按钮，弹出"选择用户、联系人、计算机、服务账户或组"对话框，如图 3.61 所示，单击"高级"按钮，展开"一般性查询"选项组，单击"立即查找"按钮，在"搜索结果"列表框中选择要添加的用户账户，如图 3.62 所示。

图 3.61　"选择用户、联系人、计算机、服务账户或组"对话框

图 3.62　选择要添加的用户账户

（6）单击"确定"按钮，收起"一般性查询"选项组，添加用户账户，如图 3.63 所示，单击"确定"按钮，返回"project_groupB01 属性"对话框，可发现用户账户已加入组 project_groupB01，如图 3.64 所示，单击"确定"按钮，返回"Active Directory 用户和计算机"窗口。

图 3.63　添加用户账户　　　　图 3.64　用户账户已加入组 project_groupB01

（7）创建本地域组 project_localgroupB01，并将全局组 project_groupB01 加入本地域组 project_localgroupB01。选择组织单位 OU_project_B01 并单击鼠标右键，在弹出的快捷菜单中选择"新建"→"组"命令，弹出"新建对象-组"对话框，输入组名 project_localgroupB01，如图 3.65 所示，在"组作用域"选项组中单击"本地域"单选按钮，单击"确定"按钮，返回"Active Directory 用户和计算机"窗口，双击刚创建的本地域组 project_localgroupB01，弹出"选择用户、联系人、计算机、服务账户或组"对话框，在此选择要添加的全局组 project_groupB01，如图 3.66 所示

图 3.65　新建本地域组　　　　　图 3.66　选择全局组 project_groupB01
project_localgroupB01

（8）单击"确定"按钮，如图 3.67 所示，单击"确定"按钮，返回"project_localgroupB01 属性"对话框，可发现全局组已加入本地域组 project_localgroupB01，如图 3.68 所示。

图3.67　添加全局组　　　　图3.68　全局组已加入本地域组project_localgroupB01

（9）在"project_localgroupB01 属性"对话框中，单击"确定"按钮，返回"Active Directory 用户和计算机"窗口，组织单位 OU_project_B01 中的内容如图 3.69 所示。

图3.69　组织单位 OU_project_B01 中的内容

（10）在父域控制器 server-01 上创建组织单位 OU_project_A01；创建总公司项目部用户账户 project_userA01、project_userA02；创建全局组 project_groupA01；将总公司项目部用户账户 project_userA01、project_userA02 加入全局组 project_groupA01。具体过程与子域控制器的操作相似，这里不赘述。

（11）在子域控制器 DC1.lncc.abc.com 上创建共享目录 project_share01，选择该目录并单击鼠标右键，在弹出的快捷菜单中选择"属性"命令，弹出"project_share01 属性"对话框，选择"共享"选项卡，如图 3.70 所示，在"网络文件和文件夹共享"选项组中单击"共享"按钮，弹出"网络访问"对话框，如图 3.71 所示。

（12）在"网络访问"对话框的下拉列表中选择"查找个人"选项，找到本地域组 project_localgroupB01 并添加，将读写的权限赋予该本地域组，如图 3.72 所示，单击"共享"按钮，进入"你的文件夹已共享。"界面，如图 3.73 所示，单击"完成"按钮，完成共享目录的设置。

图 3.70 "project_share01 属性"对话框的"共享"选项卡

图 3.71 "网络访问"对话框

图 3.72 设置共享目录权限

图 3.73 "你的文件夹已共享。"界面

（13）测试验证结果。在 Windows 10 客户端上（DNS 服务器的 IP 地址必须要设置为 192.168.100.100 和 192.168.100.101），如图 3.74 所示，按"Win+R"组合键，弹出"运行"对话框，如图 3.75 所示，输入\\DC1.lncc.abc.com\project_share01，单击"确定"按钮，弹出"Windows 安全中心"对话框，如图 3.76 所示。

图 3.74 DNS 设置

图 3.75 "运行"对话框

图 3.76　"Windows 安全中心"对话框

（14）使用分公司域用户账户 project_userB01@lncc.abc.com 和总公司域用户账户 project_userA01@abc.com 分别访问\\DC1.lncc.abc.com\project_share01 共享目录，如图 3.77 所示。（注意，测试用户账户需要设置访问权限，否则无法访问，为了测试成功，可以为测试用户账户添加管理员 Administrator 权限进行测试。）

（15）注销 Windows 10 客户端，重新登录后，使用总公司域用户账户 userA03@abc.com 访问\\DC1.lncc.abc.com\project_share01 共享目录，提示没有访问权限，因为 userA03 用户账户不是总公司项目部的用户，如图 3.78 所示。

图 3.77　访问共享目录

图 3.78　提示没有访问权限

课后实训

　　某公司使用域控制器进行业务管理，并在域控制器和成员控制器中进行相应的用户账户和组的管理。构建满足公司需求的域环境，具体要求如下。

　　（1）域控制器的服务器名称为 Win2019-01，其 IP 地址为 192.168.100.100/24，首选 DNS 服务器的 IP 地址为 192.168.100.100/24，创建相应的用户账户和组。

　　（2）成员服务器的名称为 Win2019-03，其 IP 地址为 192.168.100.102/24，首选 DNS 服务器的 IP 地址为 192.168.100.100/24，创建相应的用户账户和组。

　　（3）使用命令创建并管理本地用户账户和组，并进行相应的测试。

　　（4）设置共享文件夹及相应的权限，并进行相应的测试。

　　请按照上述要求做出合适的配置，以检查学习效果。

本章小结

　　本章包含 3 节。

　　3.1　用户账户和组基础知识，主要讲解本地用户账户管理与本地组管理；域用户账户管理，包括域用户账户的一般管理与设置域用户账户的属性；域组管理，包括域内的组类型以及组作用域等相关理论知识。

3.2　安全策略服务管理，主要讲解用户账户安全策略管理，包括用户账户命名规则、密码原则、账户安全策略、重新命名 Administrator 账户、创建一个陷阱账户、禁用或删除不必要的账户；常用的系统进程与服务等相关理论知识。

3.3　技能实践，主要讲解成员服务器上的本地用户账户和组管理，包括创建新用户账户、设置本地用户账户的属性、创建本地组、删除本地用户账户和组、使用命令管理本地用户账户和组；域控制器上的用户账户和组管理，包括项目规划、项目实施等相关知识技能。

课后习题

1. 选择题

（1）【单选】在 Windows 中，类似"S-1-5-21-5789120546-2054893054-5105896483-500"的值代表的是（　　）。

  A. UPN   B. SID   C. DN   D. GUID

（2）【单选】以下不是 Windows Server 2019 的系统进程的是（　　）。

  A. services.exe B. svchost.exe C. csrss.exe D. iexplorer.exe

2. 判断题

（1）Windows Server 2019 支持两种用户账户：本地账户和域账户。（　　）

（2）Windows Server 2019 的 Guest 账户默认是启用的。（　　）

（3）Windows Server 2019 的每个用户账户的 SID 是唯一的。（　　）

（4）在"运行"对话框中输入 gpedit.msc 命令，可以打开"本地组策略编辑器"窗口。（　　）

（5）winlogon.exe 进程用于管理用户登录界面。（　　）

3. 简答题

（1）简述 SID 的作用。

（2）简述组作用域的含义。

（3）简述系统的关键进程。

第4章
文件系统与磁盘配置管理

本章主要讲解文件系统基础知识、磁盘管理基础知识和技能实践，包括文件系统概述、认识 NTFS权限、MBR磁盘与GPT磁盘、认识基本磁盘、RAID磁盘管理技术、压缩文件、加密文件系统、基本磁盘分区管理、碎片整理和优化驱动器、磁盘配额管理、动态磁盘卷管理等相关内容。

【知识目标】

- 掌握文件系统基础知识。
- 掌握磁盘管理基础知识。
- 掌握RAID磁盘管理技术的相关知识。

【能力目标】

- 掌握压缩文件和加密文件系统的方法。
- 掌握基本磁盘分区管理、碎片整理及优化驱动器的方法。
- 掌握磁盘配额和动态磁盘卷管理的方法。

【素养目标】

- 培养解决实际问题的能力，树立团队协作、团队互助等意识。
- 培养工匠精神，要求做事严谨、精益求精、着眼细节、爱岗敬业。

4.1 文件系统基础知识

文件系统是操作系统用于明确存储设备或分区上的文件的方法和数据结构。它是对文件存储设备的空间进行组织和分配，负责文件存储并对存入的文件进行保护和检索的系统，所以了解文件系统的格式尤为重要。

文件和文件夹是计算机系统组织数据的集合单位，Windows Server 2019 提供了强大的文件管理功能，其新技术文件系统（New Technology File System，NTFS）具有高安全性，用户可以十分方便地在计算机或网络中处理、使用、组织、共享和保护文件及文件夹。

4.1.1 文件系统概述

运行 Windows Server 2019 的计算机的磁盘分区可以使用 3 种类型的文件系统：FAT16、

FAT32 和 NTFS。

1. FAT 文件系统

文件分配表（File Allocation Table，FAT）包括 FAT16 和 FAT32 两种类型。FAT 是一种适合小卷集、对系统安全性要求不高、需要双重引导的用户选择使用的文件系统。

在推出 FAT32 之前，计算机通常使用的文件系统是 FAT16。FAT16 支持的最大分区是 2^{16}（即 65536）个簇，每簇 64 个扇区，每个扇区 512B，所以以最大支持的分区为 2.147GB。FAT16 最大的缺点就是簇的大小和分区有关，这样当外存中存放较多小文件时，会浪费大量的空间。

FAT32 是 FAT16 的派生文件系统，FAT32 采用了 32 位的文件分配表，支持大到 2TB（2048GB）的磁盘分区，使其对磁盘的管理能力大大增强，突破了 FAT16 对每个分区的容量只有 2GB 的限制。但 FAT32 分区内无法存放大于 4GB 的单个文件，且易产生磁盘碎片。

FAT 文件系统是一种最初用于小型磁盘和简单文件夹结构的简单文件系统。它向后兼容，最大的优点是适用于所有的 Windows 操作系统。另外，FAT 文件系统在容量较小的卷上使用比较好，因为 FAT 文件系统启动的开销非常少。FAT 文件系统在容量低于 512MB 的卷上工作最好，当卷容量超过 1.024GB 时，其效率就显得很低。FAT 文件系统不能满足 Windows Server 2019 的要求。

2. NTFS

NTFS 是 Windows NT 内核的系列操作系统支持的，一种特别为网络和磁盘配额、文件加密等管理安全特性设计的文件系统。它支持长文件名，提供数据保护和恢复功能，能通过目录和文件许可保障安全性，并支持跨越分区。它是 Windows Server 2019 推荐使用的高性能文件系统。它能充分有效地利用磁盘空间；支持文件级压缩，具备更好的文件安全性；支持的最大分区为 2TB，单个最大文件为 2TB；支持元数据，且使用了高级数据结构，以便于提升磁盘可靠性和磁盘空间利用率。它支持许多新的文件安全、存储和容错功能，而这些功能也正是 FAT 文件系统所缺少的。

NTFS 最早出现于 1993 年的 Windows NT 中，它的出现大幅度地提高了 FAT 文件系统的性能。

NTFS 是一个日志文件系统，这意味着除向磁盘中写入信息外，该文件系统还会为发生的所有改变保留一份日志。这一功能让 NTFS 在发生错误的时候（如系统崩溃或电源供应中断时）更容易恢复，也让这一系统更加强壮。

NTFS 设计简单但功能强大，从本质上讲，卷中的一切都是文件，文件中的一切都是属性。从数据属性到安全属性，再到文件名属性，NTFS 卷中的每个扇区都分配给了某个文件，甚至文件系统的数据也是文件的一部分。

如果安装 Windows Server 2019 时采用了 FAT 文件系统，则用户也可以在安装完毕后，使用命令 convert 把 FAT 分区转化为 NTFS 分区，命令如下。

```
convert  C:/FS:NTFS
```

执行命令后，C 盘将转换成 NTFS 格式。无论是在运行安装程序的过程中还是在运行安装程序之后，相对于重新格式化磁盘来说，这种转换不会损坏用户的文件。

（1）NTFS 的功能

NTFS 具备 3 个功能：错误预警功能、磁盘自我修复功能和日志功能。

① 错误预警功能

在 NTFS 分区中，如果主文件表（Master File Table，MFT）所在的磁盘扇区恰好被损坏，NTFS 会比较智能地将 MFT 换到磁盘的其他扇区，既保证了文件系统的正常使用，又保证了系统的正常运行。而 FAT16 和 FAT32 只能固定在分区引导扇区的后面，一旦遇到扇区损坏情况，整个文件系统就会瘫痪。

② 磁盘自我修复功能

NTFS 可以对磁盘上的逻辑错误和物理错误进行自动检测和修复。在每次读写时，它都会检查扇区正确与否。当读取数据时发现错误后，NTFS 会报告对应错误；当向磁盘写文件发现错误后，NTFS 会换一个完好的位置存储数据。

③ 日志功能

在 NTFS 中，任何操作都可以被看作一个事件。事件日志一直监督着整个操作，当它在目标地发现了完整文件后，就会标记"已完成"。假如复制中途断电，事件日志中就不会记录"已完成"，NTFS 可以在通电后重新完成刚才未完成的事件。

（2）NTFS 的特点

NTFS 的特点如下。

① 安全性

NTFS 能够轻松指定用户访问某一文件或目录、操作的权限大小。NTFS 能用一个随机产生的密钥把一个文件加密，只有文件的所有者和管理员知道解密的密钥，其他人即使能够登录到系统中，也没有办法读取它。NTFS 采用用户授权的方式来操作文件，事实上这是网络操作系统的基本要求，只有拥有给定权限的用户才能访问指定的文件。NTFS 还支持加密文件系统（Encrypting File System，EFS）以阻止未授权的用户访问文件。

② 容错性

NTFS 使用了一种被称为事务登录的技术跟踪对磁盘的修改。因此，NTFS 可以在几秒内修复错误。

③ 稳定性

NTFS 的文件不易受到病毒的侵袭和系统崩溃的影响。这种抗干扰能力直接源于 Windows NT 的高度安全性能，NTFS 只能被 Windows NT 以及以 NT 为内核的 Windows 2000/XP 以上的系统所识别。FAT 和 NTFS 两种文件系统在一个磁盘中并存时，NTFS 采用与 FAT 文件系统不同的方法来定位文件映像，弥补了 FAT 文件系统存在许多闲置扇区空间的缺点。

④ 向下可兼容性

NTFS 可以存取 FAT 文件系统和高性能文件系统（High Performance File System，HPFS）的数据，如果文件被写入可移动磁盘（特别是软盘），则将自动采用 FAT 文件系统。

⑤ 可靠性

NTFS 把重要交易作为一个完整交易来处理，只有整个交易完成之后才算完成，这样可以避免数据丢失。例如，向 NTFS 分区中写入文件时，会在内存中保留一份文件的副本，再检查向磁盘中写入的文件是否与内存中的一致。如果两者不一致，则操作系统会把相应的扇区标为坏扇区而不再使用它（簇重映射），否则用内存中保留的文件副本重新向磁盘写入文件。如果在读取文件时出现错误，则 NTFS 返回一条读取错误信息，并告知相应的应用程序数据已经丢失。

⑥ 大容量

NTFS 解决了存储容量限制的问题，最大可支持 16EB（1024B=1KB，1024KB=1MB，1024MB=1GB，1024GB=1TB，1024TB=1PB，1024PB=1EB）。NTFS 的簇大小一般为 512B～4KB。

⑦ 长文件名

NTFS 允许长达 255 个字符的文件名，突破了 FAT 文件系统的 8.3 标准限制（FAT 文件系统规定主文件名为 8 个字符，扩展名为 3 个字符）。NTFS 的最大缺点就是它只能被 Windows NT/2000/XP 以上的系统、Linux 所识别。虽然 NTFS 可以存取 FAT 文件系统的文件，但它的文件不能被 FAT 文件系统所存取，当系统崩溃时只能用软盘、光盘或 U 盘进行启动，启动后它们用 FAT16 或 FAT32 是无法访问 NTFS 中的文件的，给数据抢救带来不便。

（3）NTFS 的结构

NTFS 和 FAT32 在结构上几乎是完全不同的，NTFS 自身具有很多新的特征，如安全性、容错性、文件压缩和磁盘配额等，都是相对其他文件系统特殊的地方。NTFS 分区主要由引导扇区、MFT、数据存储结构和文件属性等 4 个部分组成。

① 引导扇区

在操作系统引导的过程中，分区的引导扇区起着很重要的作用，其中存储着和卷文件相关的结构信息和启动引导程序等。操作系统在建立文件系统时，生成的参数记录着 NTFS 中的很多重要信息，包含了每簇扇区数、分区的扇区总数、MFT 的起始逻辑簇号、文件系统标识等信息。在 NTFS 中，分区上的所有数据都是以文件的形式存储的。

② MFT

MFT 在 NTFS 中处于最核心、最重要的地位，通过 MFT 可以确定所有文件在磁盘中的详细存储位置。MFT 由一系列文件记录组成，是一个与文件对应的数据库，卷中的每一个文件都包含着一个文件记录，其中的第一个文件记录是基本文件记录，它主要存储着其他扩展文件记录的一些详细信息。MFT 文件记录数组中的文件记录在物理上是连续的，且都是从 0 开始编号的。MFT 仅供系统自身构架、组织文件系统使用，被称作元数据。所有的元文件名称都是以 "$" 开始的，且它们都是隐藏文件。MFT 中的前 16 个元数据是最重要的。为了防止数据丢失，在卷存储区中，NTFS 对它们进行了备份。

③ 数据存储结构

在 NTFS 中，对文件的存取都是按照簇进行的，而每个簇都是物理扇区的整数倍，且簇大小是物理扇区的 2 的整数次方，但簇的大小由格式化程序根据卷的大小自动分配。NTFS 要使用逻辑簇号（Logical Cluster Number，LCN）和虚拟簇号（Virtual Cluster Number，VCN）来对簇进行定位，同时，通过 LCN 对整个卷中的所有簇从头到尾按照顺序进行编号，将卷因子乘以 LCN，就可以得到卷上物理字节的偏移量，从而可去掉物理磁盘的详细地址。VCN 则是对特定文件的簇从头到尾按照顺序进行编号，方便引用文件中的数据。在 NTFS 中，卷上的所有数据信息都存储在文件中，这当中包含了引导程序（用来获取及定位文件的一种数据结构）以及位图文件（记录卷的使用情况和大小）。一般来说，不论簇的大小是多少，文件记录的大小都将是固定不变的，且为 1KB。

④ 文件属性

NTFS 的文件属性一般可以分为两种：常驻属性和非常驻属性。如果属性值是存储在文件记录中的，那么这些属性称作常驻属性；如果属性值存储在文件记录之外，则这些属性称作非常驻属性。属性头的前 4 字节表示属性类型，其中包含着描述文件基本信息的属性（如文件的读写特性、文件的创建时间及修改时间等）、文件名属性（如文件名及其长度、分配空间的大小、文件实际占用空间的大小和文件的最后访问时间等）和用于描述文件内容的数据属性等内容。

（4）NTFS 的优点

NTFS 之所以被广泛应用，除因为微软公司在操作系统市场占有绝对优势外，还因为 NTFS 本身具有诸多优点。

① NTFS 中的所有文件都是以 key-value 的形式存储和组织的，能够迅速地通过文件属性 key 来寻找和定位任意文件的 value，提高了操作系统对文件数据的处理效率。

② NTFS 会为系统文件或重要文件建立安全描述符，凡是通过操作系统或应用程序接口

（Application Program Interface，API）对文件进行修改和破坏的行为，都受到文件系统的屏蔽。近年来出现的绕过操作系统或者直接访问硬件磁盘闪存等行为，暂时不能通过文件系统进行保护。

③ NTFS 不绑定某个硬件磁盘扇区，当发现磁盘受到破坏或无法从中读取数据时，将通过操作系统相关机制对扇区或卷进行复位。文件系统的这种独立性使得 NTFS 本身具有极高的安全性。

④ NTFS 具有可扩容的卷空间。操作系统将所有数据按照文件的形式存储和统一管理，目的之一是实现连续数据的非连续存储。在不对信息进行分类区分而是进行统一管理的情况下，卷的管理更加容易进行。

3. FAT 文件系统与 NTFS 的对比

FAT 文件系统自 1981 年问世以来，已经成为一个有几十年历史的计算机术语。由于时代原因，包括 Windows NT、macOS 以及多种 UNIX 版本在内的大多数操作系统均对 FAT 文件系统提供支持。FAT 文件系统限制使用 8.3 格式的文件命名规范，在一个文件名中，句点之前部分的最大长度为 8 个字符，句点之后部分的最大长度为 3 个字符。FAT 文件系统中的文件名必须以字母或数字开头，并且不得包含空格。此外，FAT 文件名不区分字母大小写。

FAT 文件系统和 NTFS 的对比主要表现在以下几个方面。

（1）兼容性

在确定某一分区所需使用的文件系统类型前，必须先考虑兼容性问题。如果多种操作系统都将对该分区进行访问，那么必须使用一种所有操作系统均可读取的文件系统。通常情况下，具备普遍兼容性的 FAT 文件系统可以满足这种要求。相比之下，只有 Windows NT 能够支持 NTFS 分区。这种限制条件仅适用于本地计算机。例如，如果一台计算机上同时安装了 Windows NT 与 Windows XP 两种操作系统，且这两种操作系统都需要对同一个分区进行访问，那么必须通过 FAT 方式对该分区进行格式化。如果这台计算机上只安装了 Windows NT 一种操作系统，则可以将该分区以 NTFS 方式格式化，此时，运行其他操作系统的计算机仍可通过网络方式对该分区进行访问。

（2）卷容量

文件系统的另一项决定因素为分区物理容量。FAT 文件系统最大支持 2GB 的分区容量。如果分区容量超过 2GB，则必须通过 NTFS 方式对其进行格式化，或者将其拆分为多个容量较小的分区。需要注意的是，NTFS 本身所需耗费的资源多于 FAT 文件系统。如果所使用的分区容量小于 200MB，则应当选择 FAT 文件系统以避免 NTFS 自身占用过多的磁盘空间，NTFS 分区的最大容量为 16EB。

（3）容错性

NTFS 可在不显示错误消息的情况下自动修复硬盘错误。当 Windows NT 向 NTFS 分区中写入文件时，它将在内存中为该文件保留一个备份。当写入操作完成后，Windows NT 将再次读取该文件以验证其是否与内存中所存储的备份相匹配。如果两份文件的内容不一致，则 Windows NT 将把硬盘中的相应区域标记为受损并不再使用这一区域。此后，它将使用存储在内存中的文件副本在硬盘的其他位置重新写入文件。FAT 文件系统未提供任何安全保护特性，所采取的保护措施便是同时维护文件分配表的两个副本，如果其中一个副本遭到破坏，则它将自动使用另一个副本对其进行修复。然而，这一功能必须通过诸如 Scandisk 之类的实用工具实现。

（4）安全性

NTFS 拥有一套内建安全机制，可以为目录或单个文件设置不同权限。这些权限可以在本地及远程对文件与目录加以保护。如果正在使用 FAT 文件系统，那么安全特性将通过共享权限实现。共享权限将通过网络对文件予以保护，该特性无法提供本地保护措施。假设现在有一台包含几百个用户的服务器，而每个用户又拥有自己的目录，为对其进行管理，可能需要同时维护数以百计的共享权限。这些共享权限可能相互重叠，从而导致更高的复杂性。

（5）系统分区

一种较为理想的解决方案是将系统分区格式化为 FAT 文件系统。如果对系统安全性的要求不高，则为系统分区指定较小的分区容量并且不在该分区中存放除 Windows 系统文件以外的任何内容。除非未经授权的用户能够通过物理方式对计算机进行访问，否则，FAT 文件系统在安全性方面还是值得信赖的。

4.1.2　认识 NTFS 权限

利用 NTFS 权限，可以控制用户账户和组对文件及文件夹的访问。NTFS 权限只适用于 NTFS 磁盘分区。NTFS 权限不能用于 FAT16 或者 FAT32 格式化的磁盘分区。

Windows Server 2019 只为用 NTFS 进行格式化的磁盘分区提供 NTFS 权限。为了保护 NTFS 磁盘分区中的文件和文件夹，要为需要访问资源的每一个用户账户授予 NTFS 权限。用户账户必须获得明确的授权才能访问资源。如果用户账户没有被授予权限，则其不能访问相应的文件和文件夹。不管是访问文件还是访问文件夹，也不管这些文件和文件夹是在计算机中还是在网络中，NTFS 的安全性功能都有效。

1. NTFS 权限的类型

可以利用 NTFS 权限指定哪些用户、组和计算机能够访问 NTFS 磁盘分区中的文件和文件夹以及其中的内容。

（1）NTFS 文件权限

可以通过授予 NTFS 文件权限控制对文件的访问。表 4.1 所示为可以授予的标准 NTFS 文件权限列表。

表 4.1　标准 NTFS 文件权限列表

NTFS 文件权限	允许访问类型
读取	读取文件，查看文件属性、拥有人和权限
写入	覆盖写入文件，修改文件属性，查看文件拥有人和权限
修改	修改和删除文件，执行由"写入"权限和"读取和运行"权限进行的动作
读取和运行	运行应用程序，执行由"读取"权限进行的动作
完全控制	改变权限，成为拥有人，执行允许所有其他 NTFS 文件权限进行的动作
特殊权限	进行特殊权限设置

（2）NTFS 文件夹权限

可以通过授予 NTFS 文件夹权限控制对文件夹的访问。表 4.2 所示为可以授予的标准 NTFS 文件夹权限列表。

表 4.2　标准 NTFS 文件夹权限列表

NTFS 文件夹权限	允许访问类型
读取	读取文件夹中的文件和子文件夹，查看文件夹属性、拥有人和权限
写入	在文件夹中创建新的文件和子文件夹，查看文件夹属性、拥有人和权限

续表

NTFS 文件夹权限	允许访问类型
修改	修改和删除文件夹，执行由"写入"权限和"读取和运行"权限进行的动作
读取和运行	遍历文件夹，执行由"读取"和"列出文件夹内容"权限进行的动作
完全控制	改变权限，成为拥有人，执行允许所有其他 NTFS 文件夹权限进行的动作
列出文件夹内容	查看文件夹中的文件和子文件夹的内容
特殊权限	进行特殊权限设置

> **注意** 无论用什么权限保护文件，被准许对文件夹进行"完全控制"的组或用户都可以删除对应文件夹中的任何文件。尽管"列出文件夹内容"和"读取和运行"看起来有相同的特殊权限，但这些权限在继承时却有所不同。"列出文件夹内容"可以被文件夹继承而不能被文件继承，且它只在查看文件夹权限时才会显示。"读取和运行"可以被文件和文件夹继承，且在查看文件和文件夹权限时始终出现。

2. 多重 NTFS 权限

如果将针对某个文件或文件夹的权限授予用户账户，并授予某个组，而该用户账户是该组中的一个成员，那么该用户就对同样的资源有了多个权限。NTFS 组合多个权限时存在一些规则和优先权。除此之外，在复制或者移动文件和文件夹时，对权限也会产生影响。

（1）权限是累积的

一个用户账户对某个资源的有效权限是授予这一用户账户的 NTFS 权限与授予该用户账户所属组的 NTFS 权限的组合。例如，用户账户 user01 对文件夹 folder01 有"读取"权限，该用户账户 user01 是组 group01 的成员，而组 group01 对文件夹 folder01 有"写入"权限，那么用户账户 user01 对文件夹 folder01 就有"读取"和"写入"权限。

（2）文件权限超越文件夹权限

NTFS 的文件权限超越 NTFS 的文件夹权限。例如，某用户账户对某个文件有"修改"权限，那么即使它对包含该文件的文件夹只有"读取"权限，它仍然能够修改该文件。

（3）拒绝权限超越其他权限

可以拒绝某用户账户或组对特定文件或者文件夹的访问。对此，将"拒绝"权限授予该用户账户或者组即可。这样，即使某个用户账户作为某个组的成员具有访问某文件或文件夹的权限，但是因为将"拒绝"权限授予了该用户账户，所以该用户账户具有的任何其他权限也被阻止了。因此，对权限的累积规则来说，"拒绝"权限是一个例外。应该避免使用"拒绝"权限，因为允许用户账户和组进行某种访问比明确拒绝它们进行某种访问更容易做到。巧妙地构造组和组织文件夹中的资源，使用各种各样的"允许"权限就足以满足需要，从而可避免使用"拒绝"权限。

3. 继承与阻止继承 NTFS 权限

默认情况下，授予父文件夹的任何权限也将应用于包含在该文件夹中的子文件夹和文件。当授予用户账户或组访问某个文件夹的 NTFS 权限时，就将授予该用户账户或组访问该文件夹中任何现有的文件和子文件夹，以及在该文件夹中创建的任何新文件和子文件夹的 NTFS 权限。如果想让文件夹或者文件具有不同于它们父文件夹的权限，则必须阻止权限的继承。

阻止权限的继承也就是阻止子文件夹和文件从父文件夹继承权限。为了阻止权限的继承，要删除继承来的权限，只保留被明确授予的权限。

被阻止从父文件夹继承权限的子文件夹就成为新的父文件夹，包含在这一新的父文件夹中的子文件夹和文件继承授予它们父文件夹的权限。

以 test02 文件夹为例，若要阻止权限继承，则可使用该文件夹的属性对话框，选择"安全"选项卡，单击"高级"按钮，打开"test02 的高级安全设置"窗口，如图 4.1 所示，选中某个要阻止继承的权限，单击"禁用继承"按钮，弹出"阻止继承"对话框，选择"将已继承的权限转换为此对象的显式权限。"或"从此对象中删除所有已继承的权限。"选项，如图 4.2 所示。

图 4.1 "test02 的高级安全设置"窗口

图 4.2 "阻止继承"对话框

4. 共享文件夹权限与 NTFS 权限的组合

授予默认的共享文件夹权限，可以快速有效地控制对 NTFS 磁盘分区中的网络资源的访问。当共享的文件夹位于 NTFS 磁盘分区中时，该共享文件夹的权限与 NTFS 权限进行组合，用以保护文件资源。

选择共享文件夹 share01 并单击鼠标右键，在弹出的快捷菜单中选择"属性"命令，弹出"share01 属性"对话框，如图 4.3 所示，单击"高级共享"→"权限"按钮，弹出"share01 的权限"对话框，如图 4.4 所示。

图 4.3 "share01 属性"对话框

图 4.4 "share01 的权限"对话框

共享文件夹权限具有以下特点。

（1）默认的共享文件夹权限是"读取"，并被授予 Everyone 组。

（2）共享文件夹权限只适用于文件夹，不适用于单独的文件，并且只能为整个共享文件夹设置共享权限，而不能对共享文件夹中的文件或子文件夹进行设置。所以，共享文件夹权限不如 NTFS 权限详细。

（3）共享文件夹权限并不对直接登录到计算机上的用户账户起作用，只适用于通过网络连接该文件夹的用户账户，即共享权限对直接登录到该服务器上的用户是无效的。

当管理员对 NTFS 权限和共享文件夹的权限进行组合时，结果是组合的 NTFS 权限，或者是组合的共享文件夹权限，哪个范围更小就取哪个。

当在 NTFS 分区卷上为共享文件夹授予权限时，应该遵循以下规则。

（1）必须分配 NTFS 权限。默认 Everyone 组具有"完全控制"权限。

（2）可以对共享文件夹中的文件和子文件夹应用 NTFS 权限。可以对共享文件夹中包含的文件和子文件夹应用不同的 NTFS 权限。

（3）除共享文件夹权限外，用户必须具有该共享文件夹的文件和文件夹的 NTFS 权限才能访问那些文件和子文件夹。

5. 复制和移动文件及文件夹

当从一个文件夹向另一个文件夹复制文件或文件夹时，或者从一个磁盘分区向另一个磁盘分区复制文件或文件夹时，这些文件和文件夹具有的权限可能会发生变化。

（1）当在单个 NTFS 磁盘分区内或在不同的 NTFS 磁盘分区之间复制文件或文件夹时，文件或文件夹的复件将继承目的地文件夹的权限。

（2）当将文件或文件夹复制到非 NTFS 磁盘分区（如 FAT 磁盘分区）中时，因为非 NTFS 磁盘分区不支持 NTFS 权限，所以这些文件或文件夹就丢失了它们的 NTFS 权限。

4.2 磁盘管理基础知识

从广义上来讲，硬盘、光盘和 U 盘等用来保存数据信息的存储设备都可以称为磁盘。其中，硬盘是计算机的重要组件，无论是在 Windows 还是在 Linux 中，都要使用硬盘。

4.2.1 MBR 磁盘与 GPT 磁盘

磁盘按分区表的格式可以分为主引导记录（Master Boot Record，MBR）磁盘和全局唯一标识分区表（Globally Unique Identifier Partition Table，GPT）磁盘两种。

1. MBR 磁盘

MBR 磁盘指的是采用 MBR 启动的物理磁盘，其中 MBR 分区表的大小是固定的，只能容纳 4 个主磁盘分区信息。所以 MBR 磁盘最多能创建 4 个主磁盘分区（或者创建 3 个主磁盘分区+1 个扩展磁盘分区），MBR 限制了分区，为了创建更多的分区，引入扩展磁盘分区和逻辑驱动器，可以在扩展磁盘分区中创建多个逻辑驱动器。

MBR 磁盘采用 MBR 分区表，其磁盘分区表存储在 MBR 内。MBR 位于磁盘最前端，使用基本输入输出系统（Basic Input Output System，BIOS），是固化在计算机上只读存储器（Read-Only Memory，ROM）芯片上的程序，其启动时 BIOS 会先读取 MBR，并将控制权交给 MBR 内的程序代码，然后由此程序代码来继续完成后续的启动工作。在磁盘分区模式中，引导扇区是每个分区的第一扇区，而主引导扇区是磁盘的第一扇区。主引导扇区由 3 部分组成：MBR、磁盘分区表和磁盘有效标识。由于 MBR 使用 4 个字节存储分区总扇区数，最大可以表示 2 的 32 次方（即

2^{32}），一个扇区 512B，那么分区的容量或者磁盘容量就都不能超过 2TB，即一个 8TB 的硬盘在 MBR 磁盘下只能使用 2TB，对于现在的大磁盘时代，MBR 磁盘已经无法满足要求。

2. GPT 磁盘

GPT 是一种新的磁盘分区表格式，GPT 磁盘的分区表存储在 GPT 内，位于磁盘的前端，而且有主磁盘分区表和备份分区表，可提供容错功能。GPT 磁盘使用统一可扩展固件接口（Unified Extensible Firmware Interface，UEFI），其 BIOS 会先读取 GPT，并将控制权交给 GPT 内的程序代码，再由此程序代码来继续完成后续的启动工作。随着科技的不断发展，相当一部分用户因为工作等需要经常用到大容量的磁盘，而 GPT 支持的最大卷为 18EB（1EB=1024PB=1048576TB）。

4.2.2 认识基本磁盘

Windows 将磁盘分为基本磁盘和动态磁盘两种类型。

（1）基本磁盘：旧式的传统磁盘系统，新安装的硬盘默认是基本磁盘。

（2）动态磁盘：动态磁盘支持多种特殊的磁盘分区，其中有的可以提高系统访问效率，有的可以提供容错功能，还有的可以扩大磁盘的使用空间。

1. 基本磁盘

磁盘分区分为主磁盘分区和扩展磁盘分区。

（1）主磁盘分区

主磁盘分区可以用来启动操作系统，在划分磁盘的第 1 个分区时，会指定其为主磁盘分区，主要用来存放操作系统的启动文件或引导程序。计算机启动时，MBR 或 GPT 内的程序代码会到活动的主磁盘分区内读取与执行启动程序代码，并将控制权交给此启动程序代码来启动相关的操作系统。

（2）扩展磁盘分区

扩展磁盘分区只能用于存储文件，无法用来启动操作系统，也就是说，MBR 或 GPT 内的程序代码不会到扩展磁盘分区内读取与执行启动程序代码。

MBR 磁盘分区格式最多只允许有 4 个主磁盘分区，如果用户想要创建更多的分区，则应该怎么办？这就有了扩展磁盘分区的概念。用户可以创建一个扩展磁盘分区，并在扩展磁盘分区中创建多个逻辑驱动器，从理论上来说，逻辑驱动器没有数量限制。需要注意的是，创建扩展磁盘分区的时候会占用一个主磁盘分区的位置，因此，如果创建了扩展磁盘分区，则一个硬盘中最多只能创建 3 个主磁盘分区和 1 个扩展磁盘分区。扩展磁盘分区不是用来存放数据的，它的主要功能是创建逻辑驱动器。逻辑驱动器不能被直接创建，它必须依附在扩展磁盘分区下，其容量受到扩展磁盘分区大小的限制，逻辑驱动器通常用于存放文件和数据。基本磁盘内的每一个主磁盘分区或逻辑驱动器又被称为基本卷，每一个主磁盘分区都可以被赋予一个驱动器号，如 C:、D:等。Windows Server 2019 的磁盘管理如图 4.5 所示。

图 4.5 Windows Server 2019 的磁盘管理

Windows 的一个 GPT 磁盘内最多可以创建 128 个主磁盘分区，而每一个主磁盘分区都可以被赋予一个驱动器号，由于可以有 128 个主磁盘分区，因此 GPT 磁盘不需要扩展磁盘分区。大于 2TB 的磁盘分区需要使用 GPT 磁盘分区，较旧版的 Windows（如 32 位的 Windows XP、Windows 2000 等）无法识别 GPT 磁盘。

对新购置的物理磁盘，不管是用于 Windows 还是用于 Linux，都要进行如下操作。

（1）分区：可以是一个分区或多个分区。

（2）格式化：分区必须经过格式化才能创建文件系统。

（3）挂载：被格式化的磁盘分区必须挂载到操作系统相应的文件目录下。

Windows 自动帮助用户完成了挂载分区到目录的工作，即自动将磁盘分区挂载到盘符；Linux 会自动挂载根分区启动项，其他分区都需要用户自己配置，所有的磁盘都必须挂载到文件系统相应的目录下。

为什么要将一个磁盘划分成多个分区，而不是直接使用整个磁盘呢？主要有如下几个原因。

（1）方便管理和控制。可以将系统中的数据（包括程序）按不同的应用分成几类，之后将不同类型的数据分别存放在不同的磁盘分区中。每个分区中存放的都是类似的数据或程序，因此管理和维护会简单很多。

（2）提高系统的效率。给磁盘分区后，可以直接缩短系统读写磁盘时磁头移动的距离，也就是说，缩小了磁头搜寻的范围；如果不使用分区，则每次在磁盘中搜寻信息时可能要搜索整个磁盘，搜寻速度会很慢。另外，磁盘分区可以缓解碎片（文件不连续存放）所造成的系统效率下降的问题。

（3）使用磁盘配额的功能限制用户使用的磁盘量。因为限制了用户使用磁盘配额的功能，即只能在分区一级上使用，所以为了限制用户使用磁盘的总量，防止用户浪费磁盘空间（甚至将磁盘空间用完），最好先对磁盘进行分区，再分配给一般用户。

（4）便于备份和恢复。磁盘分区后，可以只对所需的分区进行备份和恢复操作，这样备份和恢复的数据量会大大下降，操作也更简单和方便。

2. 动态磁盘

动态磁盘可以创建 5 种类型的卷：简单卷、跨区卷、带区卷、镜像卷、RAID-5 卷。

（1）简单卷

简单卷是构成单个物理磁盘空间的卷。它可以由磁盘上的单个区域或同一磁盘上连接在一起的多个区域组成，可以在同一磁盘内扩展简单卷。

（2）跨区卷

简单卷也可以扩展到其他的物理磁盘，这样由多个物理磁盘的空间组成的卷就称为跨区卷。跨区卷是由一个以上动态磁盘上的磁盘空间组成的，如果所需的卷对于简单磁盘来说太大，则可以创建一个跨区卷，可以通过从另一磁盘增加可用空间来扩展跨区卷，简单卷和跨区卷都不属于独立磁盘冗余阵列（Redundant Arrays of Independent Disks，RAID）范畴。

（3）带区卷

带区卷是以带区形式在两个或多个物理磁盘上存储数据的卷。带区卷上的数据被交替、平均（以带区形式）地分配给这些磁盘。带区卷是所有卷中读写性能最佳的，但是它不提供容错功能。如果带区卷上的任何一个磁盘的数据损坏或磁盘出现故障，则整个卷上的数据都将丢失。带区卷可以看作硬件 RAID 中的 RAID0，带区卷获取数据的速度要比简单卷或跨区卷快。

（4）镜像卷

镜像卷是在两个物理磁盘上复制数据的容错卷。它通过使用卷的副本复制该卷中的信息来提供数据冗余，镜像总位于一个磁盘上。如果其中一个物理磁盘出现故障，则该故障磁盘上的数据将不可用，但是系统可以使用未受影响的磁盘继续操作，镜像卷可以看作硬件 RAID 中的 RAID1。

（5）RAID-5 卷

RAID-5 卷是具有数据和奇偶检验的容错卷，数据分布于 3 个或更多的物理磁盘上，奇偶检验用于在阵列失效后重建数据。如果物理磁盘的某一部分损坏，则可以用冗余的数据和奇偶检验信息重新创建磁盘上损坏的那一部分的数据，类似于硬件 RAID 中的 RAID5。

4.2.3　RAID 磁盘管理技术

RAID 通常简称为磁盘阵列。简单地说，RAID 是由多个独立的高性能磁盘驱动器组成的磁盘系统，提供了比单个磁盘更高的存储性能和数据冗余技术。

1．RAID 中的关键概念和技术

RAID 中的关键概念和技术包括镜像、数据条带和数据校验。

（1）镜像

V4-1　RAID 中的关键概念和技术

镜像是一种冗余技术，为磁盘提供了保护功能，以防止磁盘发生故障而造成数据丢失。对于 RAID 而言，采用镜像技术将会同时在阵列中产生两个完全相同的数据副本，这两个数据副本分布在两个不同的磁盘驱动器组中。镜像提供了完全的数据冗余能力，当一个数据副本失效不可用时，外部系统仍可正常访问另一个数据副本，应用系统的运行和性能不会受到影响。此外，镜像不需要额外的计算和校验，用于修复故障非常快，直接复制即可。镜像技术可以从多个副本并发读取数据，提供了更高的读取性能，但不能并行写入数据，写入多个副本时会导致一定的 I/O 性能降低。

（2）数据条带

磁盘存储的性能瓶颈在于磁头寻道定位，它是一种慢速机械运动，无法与高速的 CPU 匹配。此外，单个磁盘驱动器的性能存在物理极限，I/O 性能非常有限。RAID 由多块磁盘组成，数据条带技术将数据以块的方式分布存储在多个磁盘中，从而可以对数据进行并发处理。这样写入和读取数据即可在多个磁盘中同时进行，并发产生非常高的聚合 I/O，有效地提高整体 I/O 性能，且具有良好的线性扩展能力。在对大容量数据进行处理时，其效果尤其显著，如果不分块，则数据只能按顺序存储在磁盘阵列的磁盘中，需要时再按顺序读取。而通过数据条带技术，可获得数倍于顺序访问的性能提升。

（3）数据校验

镜像具有安全性高、读取性能高的特点，但冗余开销太大。数据条带技术通过并发性大幅提高了性能，但未考虑数据安全性、可靠性。数据校验是一种冗余技术，它以校验数据提供数据的安全性保障，可以检测数据错误，并在能力允许的前提下进行数据重构。相对于镜像，数据校验大幅减少了冗余开销，用较小的代价换取了极佳的数据完整性和可靠性。数据条带提高了整体性能，数据校验提供了数据安全性保障，不同等级的 RAID 往往同时结合使用这两种技术。

采用数据校验时，RAID 要在写入数据的同时进行校验计算，并将得到的校验数据存储在 RAID 成员磁盘中。校验数据可以集中保存在某个磁盘或分散存储在多个磁盘中，校验数据也可以分块，不同 RAID 等级的实现不相同。当其中一部分数据出错时，可以对剩余数据和校验数据进行反校验计算以重建丢失的数据。相对于镜像技术而言，数据校验技术节省了大量开销，但每次数据读写都要进行大量的校验运算，因此对计算机的运算速度要求很高，必须使用硬件 RAID 控制器。在数据重建恢复方面，数据校验技术比镜像技术复杂得多且速度慢得多。

2．常见的 RAID 类型

（1）RAID0

RAID0 会把连续的数据分散到多个磁盘中进行存取，系统有数据请求时可以被多个磁盘并行执

行，每个磁盘执行属于自己的那一部分数据请求。如果要做RAID0，则一台服务器至少需要两块硬盘，其读写速度是一块硬盘的两倍。如果有 N 块硬盘，则其读写速度是一块硬盘的 N 倍。虽然RAID0 的读写速度可以提高，但是没有数据备份功能，因此安全性较低。RAID0 技术结构示意图如图 4.6 所示。

RAID0 技术的优缺点分别如下。

优点：充分利用 I/O 总线性能，使其带宽翻倍，读写速度翻倍；充分利用磁盘空间，利用率为100%。

缺点：不提供数据冗余；无数据校验，无法保证数据的正确性；存在单点故障。

RAID0 多应用于对数据完整性要求不高的场景，如日志存储、个人娱乐；对读写效率要求高，而对安全性能要求不高的场景，如图像工作站。

（2）RAID1

RAID1 会通过镜像实现数据冗余，在成对的独立磁盘中产生互为备份的数据。当原始数据繁忙时，可直接从镜像副本中读取数据。同样地，如果要做 RAID1，则至少需要两块硬盘，当读取数据时，其中一块硬盘会被读取，另一块硬盘用作备份。RAID1 的数据安全性较高，但是磁盘空间利用率较低，只有50%。RAID1 技术结构示意图如图 4.7 所示。

图 4.6　RAID0 技术结构示意图

图 4.7　RAID1 技术结构示意图

RAID1 技术的优缺点如下。

优点：提供了数据冗余，数据双倍存储；提供了良好的读取性能。

缺点：无数据校验；磁盘利用率低，成本高。

RAID1 多应用于存放重要数据的场景，如数据存储领域。

（3）RAID5

RAID5 应该是目前最常见的 RAID 等级之一，它具备很好的扩展性。当阵列磁盘数量增加时，并行操作的能力也随之增加，可支持更多的磁盘，从而拥有更高的容量及更高的性能。RAID5 的磁盘可同时存储数据和校验数据，数据块和对应的校验信息保存在不同的磁盘中，当一块数据盘损坏时，系统可以根据同一条带的其他数据块和对应的校验数据来重建损坏的数据。与其他 RAID 等级一样，重建数据时，RAID5 的性能会受到较大的影响。

RAID5 兼顾了存储性能、数据安全和存储成本等各方面因素，基本上可以满足大部分的存储应用需求，数据中心大多采用它作为应用数据的保护方案。RAID0 大幅提升了设备的读写性能，但不具备容错能力；RAID1 虽然十分注重数据安全，但是磁盘利用率太低。RAID5 可以理解为 RAID0和 RAID1 的折中方案，是目前综合性能较好的数据保护解决方案，一般而言，中小企业会采用RAID5，大企业会采用 RAID10。RAID5 技术结构示意图如图 4.8 所示。

RAID5 技术的优缺点如下。

优点：读写性能高；有校验机制；磁盘空间利用率高。

缺点：磁盘越多，安全性能越差。

RAID5 多应用于对安全性能要求高的场景，如金融、数据库、存储等。

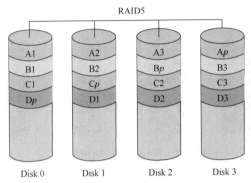
图 4.8　RAID5 技术结构示意图

（4）RAID01

RAID01 是先做条带化再做镜像，本质是对物理磁盘进行镜像；而 RAID10 是先做镜像再做条带化，本质是对虚拟磁盘进行镜像。相同的配置下，RAID01 比 RAID10 具有更好的容错能力。

RAID01 的数据将同时写入两个磁盘阵列中，如果其中一个阵列损坏，则工作仍可继续进行，这在保证数据安全性的同时提高了性能。RAID01 和 RAID10 内部都含有 RAID1 模式，因此整体磁盘利用率仅为 50%。RAID01 技术结构示意图如图 4.9 所示。

图 4.9　RAID01 技术结构示意图

RAID01 技术的优缺点如下。

优点：提供了较高的 I/O 性能；有数据冗余；无单点故障。

缺点：成本稍高；安全性能比 RAID10 差。

RAID01 特别适用于既有大量数据存取需要，又对数据安全性要求严格的领域，如银行、金融、商业超市、仓储库房、档案管理等。

（5）RAID10

RAID10 技术结构示意图如图 4.10 所示。

RAID10 技术的优缺点如下。

优点：读取性能优于 RAID01；提供了较高的 I/O 性能；有数据冗余；无单点故障；安全性高。

缺点：成本稍高。

RAID10 同样特别适用于既有大量数据存取需要，又对数据安全性要求严格的领域，如银行、金融、商业超市、仓储库房、档案管理等。

图 4.10　RAID10 技术结构示意图

（6）RAID50

RAID50 具有 RAID5 和 RAID0 的共同特性。它由至少两组 RAID5 磁盘组成（其中，每组最少有 3 个磁盘），每一组都使用了分布式奇偶位；而两组 RAID5 磁盘再组建成 RAID0，实现跨磁盘数据读取。RAID50 提供了可靠的数据存储和优秀的整体性能，并支持更大的卷尺寸。即使两个物理磁盘（每个阵列中的一个）发生故障，数据也可以顺利恢复。RAID50 最少需要 6 个磁盘，其适用于高可靠性存储、高读取速度、高数据传输性能的应用场景，包括事务处理和有许多用户存取小文件的办公应用程序。RAID50 技术结构示意图如图 4.11 所示。

图 4.11　RAID50 技术结构示意图

4.3　技能实践

在数据被存储到磁盘中之前，磁盘必须被划分成一个或数个磁盘分区，才能存取文件数据，并对文件和文件夹进行相应的管理。

4.3.1　压缩文件

将文件压缩后可以减少它们所占用的磁盘空间，Windows Server 2019 支持 NTFS 压缩和压缩（zipped）文件夹这两种不同的压缩方法。

1. NTFS 压缩

（1）对 NTFS 磁盘内的文件进行压缩，以 D 盘下的 test01 文件夹为例，选择 test01 文件夹并单击鼠标右键，在弹出的快捷菜单中选择"属性"命令，

V4-2　压缩文件

弹出"test01 属性"对话框，如图 4.12 所示。在"test01 属性"对话框中，单击"高级"按钮，弹出"高级属性"对话框，如图 4.13 所示。

图 4.12 "test01 属性"对话框

图 4.13 "高级属性"对话框

（2）勾选"压缩内容以便节省磁盘空间"复选框，单击"确定"按钮，返回"test01 属性"对话框，单击"应用"按钮，弹出"确认属性更改"对话框，如图 4.14 所示，单击"将更改应用于此文件夹、子文件夹和文件"单选按钮，单击"确定"按钮，返回"本地磁盘（D:）"窗口，如图 4.15 所示，可以看到 test01 文件夹图标已经带有压缩图标标记。

图 4.14 "确认属性更改"对话框

图 4.15 "本地磁盘（D: ）"窗口

当用户或应用程序要读取压缩文件时，系统会将文件由磁盘中读出、自动将解压缩后的内容提供给用户或应用程序，此时，存储在磁盘中的文件仍然是处于压缩状态的；而将数据写入文件时，数据会被自动压缩后再写入磁盘中的文件。

（3）可以将压缩或加密的 NTFS 文件以彩色显示出来。打开文件资源管理器窗口，如图 4.16 所示，选择"查看"选项卡，单击"选项"按钮，弹出"文件夹选项"对话框，选择"查看"选项卡，勾选"用彩色显示加密或压缩的 NTFS 文件"复选框，如图 4.17 所示。

（4）可以针对整个磁盘进行压缩。选择磁盘（如 D 盘）并单击鼠标右键，在弹出的快捷菜单中选择"属性"命令，弹出"本地磁盘（D:）属性"对话框，勾选"压缩此驱动器以节约磁盘空间"复选框，如图 4.18 所示。

101

图4.16　文件资源管理器窗口

图4.17　"文件夹选项"对话框

图4.18　"本地磁盘（D:）属性"对话框

2. 压缩（zipped）文件夹

无论是FAT16、FAT32、NTFS还是复原文件系统（Resilient File System，ReFS），磁盘中都可以建立压缩（zipped）文件夹，在利用文件资源管理器建立压缩（zipped）文件夹后，被复制到此文件夹中的文件都会被自动压缩。在不需要自行解压缩的情况下，可以直接读取压缩（zipped）文件夹中的文件，甚至可以直接执行其中的程序。压缩（zipped）文件夹的文件夹名称的扩展名为.zip，它可以被WinZip、WinRAR等文件压缩工具解压缩。

（1）打开文件资源管理器窗口，以D盘下的test02文件夹为例进行说明，选择test02文件夹并单击鼠标右键，在弹出的快捷菜单中选择"发送到"→"压缩（zipped）文件夹"命令，如图4.19所示。

（2）也可以在文件资源管理器右侧窗格空白处单击鼠标右键，在弹出的快捷菜单中选择"新建"→"压缩（zipped）文件夹"命令，如图4.20所示，设置压缩文件的名称为test-zipped01.zip。

（3）系统默认会隐藏文件的扩展名，如果要显示文件的扩展名，则可打开文件资源管理器窗口，选择"查看"选项卡，勾选"文件扩展名"复选框，如图4.21所示。

图 4.19 选择"压缩（zipped）文件夹"命令（1）　　图 4.20 选择"压缩（zipped）文件夹"命令（2）

图 4.21 勾选"文件扩展名"复选框

如果计算机中安装有 WinZip 或 WinRAR 等解压缩工具软件，则在打开压缩（zipped）文件夹时，系统会通过这些工具软件将压缩（zipped）文件夹打开。

4.3.2 加密文件系统

EFS 提供文件加密的功能，文件经过加密后，只有当初将其加密的用户或被授权的用户才能够读取，因此可以增加文件的安全性。只有 NTFS 磁盘中的文件、文件夹才可以被加密，如果将文件复制或剪切到非 NTFS 磁盘中，则新文件会被解密。文件压缩与加密无法并存，若要加密已经压缩的文件，则文件会自动被解压缩；若要压缩已经加密的文件，则文件会自动被解密。

选择要加密的文件或文件夹并单击鼠标右键，在弹出的快捷菜单中选择"属性"命令，在弹出的属性对话框中单击"高级"按钮，在弹出的"高级属性"对话框中，勾选"加密内容以便保护数据"复选框，如图 4.22 所示，单击"确定"按钮，返回属性对话框，单击"应用"按钮，弹出"确认属性更改"对话框，单击"将更改应用于此文件夹、子文件夹和文件"单选按钮，如图 4.23 所示。

图 4.22 "高级属性"对话框

图 4.23 "确认属性更改"对话框

103

当用户或应用程序需要读取加密文件时，系统会将文件由磁盘内读出、自动将解密后的内容提供给用户或应用程序，然而，存储在磁盘内的文件仍然是处于加密状态的；而将数据写入文件时，数据也会被自动加密后再写入磁盘内的文件中。

如果将一个未加密文件复制或剪切到加密文件夹中，则该文件会被自动加密。当将一个加密文件复制或剪切到非加密文件夹中时，该文件仍然会保持其加密状态。

利用 EFS 加密的文件，只有存储在硬盘内才会被加密，在通过网络传输的过程中是没有被加密的。如果希望文件通过网络传输时仍然保持加密的安全状态，则可以通过互联网络层安全（Internet Protocol Security，IPSec）协议等方式来进行加密。

4.3.3 基本磁盘分区管理

在安装 Windows Server 2019 时，硬盘将自动初始化为基本磁盘。基本磁盘上的管理任务包括磁盘分区的建立、删除、查看以及分区的挂载和磁盘碎片整理等。

1. 添加新硬盘

练习硬盘分区操作，为了操作方便，在虚拟机中添加一块新的硬盘，小型计算机系统接口（Small Computer System Interface，SCSI）的硬盘支持热插拔，因此可以在虚拟机开机的状态下直接添加硬盘。

（1）启动虚拟机，选择要添加硬盘的操作系统（Windows Server 2019）并单击鼠标右键，在弹出的快捷菜单中选择"设置"命令，如图 4.24 所示，弹出"虚拟机设置"对话框，如图 4.25 所示。

图 4.24 选择"设置"命令

图 4.25 "虚拟机设置"对话框

（2）单击"添加"按钮，弹出"添加硬件向导"对话框，如图 4.26 所示，选择"硬盘"选项，单击"下一步"按钮，进入"选择磁盘类型"界面，单击"SCSI（S）（推荐）"单选按钮，如图 4.27 所示。

（3）单击"下一步"按钮，进入"选择磁盘"界面，如图 4.28 所示，单击"创建新虚拟磁盘"单选按钮，单击"下一步"按钮，进入"指定磁盘容量"界面，如图 4.29 所示。

（4）设置最大磁盘大小，单击"下一步"按钮，进入"指定磁盘文件"界面，如图 4.30 所示，单击"完成"按钮，返回"虚拟机设置"对话框。以相同的方法添加硬盘 3～硬盘 5，如图 4.31 所示。

图 4.26 "添加硬件向导"对话框

图 4.27 "选择磁盘类型"界面

图 4.28 "选择磁盘"界面

图 4.29 "指定磁盘容量"界面

图 4.30 "指定磁盘文件"界面

图 4.31 添加新硬盘完成

2. 使用磁盘管理工具

Windows Server 2019 提供了一个界面非常友好的磁盘管理工具，使用该工具可以很轻松地完成各种基本磁盘和动态磁盘的配置及管理维护工作。

（1）以管理员身份登录 Windows Server 2019，打开"服务器管理器"窗口，选择"工具"→"计算机管理"命令，打开"计算机管理"窗口，选择"磁盘管理"选项，进行磁盘相关操作管理。

（2）以管理员身份登录 Windows Server 2019，按"Win+R"组合键，弹出"运行"对话框，输入 diskmgmt.msc 命令，打开"磁盘管理"窗口，如图 4.32 所示，选择刚刚添加的磁盘并单击鼠标右键，在弹出的快捷菜单中选择"联机"命令，如图 4.33 所示。

图 4.32　"磁盘管理"窗口

图 4.33　选择"联机"命令

（3）选择对应磁盘并单击鼠标右键，在弹出的快捷菜单中选择"初始化磁盘"命令，弹出"初始化磁盘"对话框，单击"GPT（GUID 分区表）"单选按钮，如图 4.34 所示，单击"确定"按钮，完成磁盘初始化工作。

（4）因为 GPT 磁盘可以有多达 128 个主磁盘分区，不需要扩展磁盘分区，所以将 GPT 磁盘转换为 MBR 磁盘是创建扩展磁盘分区的前提。在磁盘 5 上单击鼠标右键，在弹出的快捷菜单中选择"转换成 MBR 磁盘"命令，如图 4.35 所示，可以将 GPT 磁盘转换成 MBR 磁盘。

图 4.34　"初始化磁盘"对话框

图 4.35　选择"转换成 MBR 磁盘"命令

3. 新建基本卷

在磁盘中创建主磁盘分区和扩展磁盘分区，并在扩展磁盘分区中创建逻辑驱动器，应该如何操作呢？对于 MBR 磁盘，基本磁盘中的分区和逻辑驱动器称为基本卷，基本卷只能在基本磁盘中创建。

（1）创建主磁盘分区

① 打开"磁盘管理"窗口，在右侧窗格中选择"磁盘 5"的未分配空间并单击鼠标右键，在弹出的快捷菜单中选择"新建简单卷"命令，如图 4.36 所示，弹出"新建简单卷向导"对话框，如图 4.37 所示。

图 4.36　选择"新建简单卷"命令　　　　图 4.37　"新建简单卷向导"对话框

② 单击"下一步"按钮，进入"指定卷大小"界面，输入简单卷大小，如图 4.38 所示，单击"下一步"按钮，进入"分配驱动器号和路径"界面，单击"分配以下驱动器号"单选按钮，如图 4.39 所示。

图 4.38　"指定卷大小"界面　　　　　　图 4.39　"分配驱动器号和路径"界面

③ 单击"下一步"按钮，进入"格式化分区"界面，如图 4.40 所示，单击"按下列设置格式化这个卷"单选按钮，单击"下一步"按钮，进入"正在完成新建简单卷向导"界面，如图 4.41 所示

图 4.40　"格式化分区"界面　　　　　　图 4.41　"正在完成新建简单卷向导"界面

④ 单击"完成"按钮，完成主磁盘分区的创建，可以重复以上步骤创建其他主磁盘分区，这里不赘述。

（2）创建扩展磁盘分区

Windows Server 2019 的磁盘管理不能直接创建扩展磁盘分区，必须先创建完 3 个主磁盘分区后才能创建扩展磁盘分区。

① 在磁盘 5 上再创建两个主磁盘分区，完成 3 个主磁盘分区的创建。

② 创建扩展磁盘分区的过程与创建主磁盘分区的相似，这里不赘述。不同的是当创建完成，显示"状态良好"的分区信息后，系统会自动将刚才创建的分区设置为扩展磁盘分区的一个逻辑驱动器，创建两个逻辑驱动器（I:、J:），如图 4.42 所示。

图 4.42　创建逻辑驱动器（I:、J:）

4. 指定活动的磁盘分区

在安装 Windows Server 2019 时，安装程序会自动建立两个磁盘分区，用作系统的保留分区，即原始设备制造商（Original Equipment Manufacturer，OEM）分区和可扩展固件接口（Extensible Firmware Interface，EFI）分区。第 3 个分区（C:）用来安装 Windows Server 2019，安装程序会将启动文件放置到系统保留分区内，并将它设置为"活动"，此磁盘分区扮演系统分区的角色，如图 4.43 所示。只有主磁盘分区可以被设置为活动分区，扩展磁盘分区内的逻辑驱动器无法被设置为活动分区。

图 4.43　磁盘 0 的启动分区、系统分区和活动分区

OEM 分区通常是品牌厂商预装系统、出厂随机软件及一键还原软件的存放分区。OEM 分区内的文件是更新版本之后出现意外错误无法修复，需要恢复旧版本操作系统时所需要的系统备份文件。

EFI 是由 Intel 公司推出的一种在未来的计算机系统中替代 BIOS 的升级方案。EFI 系统分区（EFI System Partition，ESP）是一个 FAT16 或 FAT32 的物理分区，该分区在 Windows 中一般是不可见的，支持 EFI 的计算机需要从 ESP 启动系统，EFI 固件可从 ESP 加载 EFI 启动程序或者应用，ESP 是系统引导分区。

以 x86、x64 计算机来说，系统分区内存储着启动文件，如启动管理器（Bootmgr）等。使用 BIOS 模式工作的计算机启动时，计算机主板上的 BIOS 会读取磁盘内的 MBR，并由 MBR 去读取系统分区的启动程序代码，此程序代码位于系统分区最前端的分区启动扇区（Partition Boot Sector），再由此程序代码去读取系统分区内的启动文件，启动文件再到启动分区内加载操作系统文件并启动操作系统。因为 MBR 是到活动的磁盘分区去读取启动程序代码的，所以必须将系统分区设置为"活动"。

5. 更改驱动器和路径

Windows Server 2019 默认为每个分区分配一个驱动器号后，该分区就成为一个逻辑上的独立驱动器，有时出于管理的目的，可能需要修改默认分配的驱动器号。

（1）更改驱动器号

① 选择 CD-ROM 光盘（E:），如图 4.44 所示，单击鼠标右键，在弹出的快捷菜单中选择"更改驱动器号和路径"命令，弹出"更改 E:0 的驱动器号和路径"对话框，如图 4.45 所示。

② 单击"更改"按钮，弹出"更改驱器号和路径"对话框，在"分配以下驱动器号"单选按钮右侧的下拉列表中选择"R"选项，如图 4.46 所示，单击"确定"按钮，将光盘驱动器号由 E 更改为 R，如图 4.47 所示。

图 4.44　CD-ROM 光盘（E:）

图 4.45　"更改 E:0 的驱动器号和路径"对话框

图 4.46　"更改驱动器号和路径"对话框

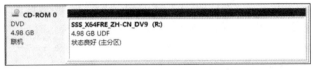

图 4.47　CD-ROM 光盘（R:）

（2）更改磁盘路径

当某个分区的空间不足且难以扩展空间时，可以通过挂载一个新分区到该分区某个文件夹的方法达到扩展磁盘容量的目的。因此，挂载的驱动器会使数据更容易访问，并增加了基于工作环境和系统使用情况管理数据存储的灵活性。

当 C 盘的空间较小时，可将程序文件移动到其他大容量驱动器上，如 G 盘，并将它作为 C:\myfile 挂载。这样所有保存在 C:\myfile 文件夹下的文件事实上都保存在 G 盘中。

① 在"磁盘管理"窗口中，选择目标驱动器 G 盘并单击鼠标右键，在弹出的快捷菜单中选择"更改驱动器号和路径"命令，弹出"更改 G:（新加卷）的驱动器号和路径"对话框，如图 4.48 所示，单击"添加"按钮，弹出"添加驱动器号和路径"对话框，在"装入以下空白 NTFS 文件夹中"单选按钮下方的文本框中输入 C:\myfile 路径，如图 4.49 所示。

图 4.48　"更改 G:（新加卷）的驱动器号和路径"对话框

图 4.49　"添加驱动器号和路径"对话框

② 单击"确定"按钮，返回"磁盘管理"窗口。在 C:\myfile 文件夹下新建文件，并查看 G 盘中的信息，会发现文件实际存储在 G 盘中。

4.3.4　碎片整理和优化驱动器

在 Windows 的逻辑分区中，文件并不总是保存在磁盘的连续簇中的，而是被分散保存在不同的位置。当应用程序所需的物理内存不足时，Windows 会在磁盘中生成交换文件（通常为 pagefile.sys），将该文件所占用的磁盘空间虚拟成内存，即虚拟内存。由于需要在物理内存和虚拟内存中频繁进行数据交换，故 Windows 虚拟内存管理程序会对磁盘进行频繁的读写，从而产生大量的碎片，这是产生磁盘碎片的主要原因。另外，产生磁盘碎片的另一主要原因是系统或应用程序频繁生成的临时文件，例如，当使用浏览器浏览网页时，由于需不断地进行缓存，会产生大量的磁盘碎片。磁盘使用的时间长了，文件的存放位置就会变得支离破碎，这些"碎片文件"的存在会降低磁盘的工作效率，还会增加数据丢失和损坏的可能性，碎片整理程序把这些碎片收集在一起，并把它们作为一个连续的整体存放在磁盘中。

碎片整理和优化驱动程序可以重新安排计算机磁盘中的文件、程序以及未使用的空间，使得程序运行得更快、文件打开得更快，磁盘碎片整理并不影响数据的完整性。

打开"服务器管理器"窗口，选择"工具"→"碎片整理和优化驱动器"命令，打开"优化驱动器"窗口，如图 4.50 所示，在此选择相应的硬盘驱动器，单击"更改设置"按钮，弹出"优化驱动器"对话框，可以对驱动器进行分析和优化，如图 4.51 所示。

图 4.50　"优化驱动器"窗口

图 4.51　"优化驱动器"对话框

4.3.5　磁盘配额管理

磁盘配额是计算机中指定的磁盘存储限制。管理员可以为用户所能使用的磁盘空间进行配额限制，每一个用户只能使用最大配额范围内的磁盘空间。磁盘配额可以限制指定账户能够使用的磁盘空间，这样可以避免因某个用户的过度使用造成其他用户无法正常工作甚至影响系统运行的情况。在服务器管理中，此功能非常重要。

1.　磁盘配额基础知识

在 Windows Server 2019 中，NTFS 卷的磁盘配额跟踪及控制磁盘空间的使用，系统管理员 Administrator 可以进行如下配置。

（1）当用户使用的磁盘空间超过了指定的磁盘空间限制（也就是允许用户使用的磁盘空间量）时，防止用户进一步使用磁盘空间并记录事件。

（2）当用户使用的磁盘空间超过了指定的磁盘空间警告级别（也就是用户接近其配额限制的点）时记录事件。

启动磁盘配额时，可以设置两个值：磁盘配额限制和磁盘配额警告级别。例如，可以把用户的磁盘配额限制设为 500MB，并把磁盘配额警告级别设为 450MB。在这种情况下，用户可在卷上存储不超过 500MB 的文件。如果用户在卷上存储的文件超过 450MB，则启动磁盘配额警告系统，并记录系统事件。只有 Administrators 组的成员才能管理卷上的配额。

可以指定用户能超过其配额限制。如果不想拒绝用户对卷的访问却又想跟踪每个用户的磁盘空间使用情况，启用配额但不限制磁盘空间的使用是非常有用的。也可指定不管用户是超过配额警告级别还是超过配额限制都不记录事件。

启用卷的磁盘配额时，系统从启用时起自动跟踪新用户卷的使用。

只要用 NTFS 将卷格式化，就可以在本地卷、网络卷以及可移动驱动器上启用磁盘配额。另外，网络卷必须从卷的根目录中得到共享，可移动驱动器也必须是共享的。Windows 安装将自动升级使用 Windows NT 中的 NTFS 格式化的卷。

由于按未压缩时的大小来跟踪压缩文件，因此不能使用文件压缩来防止用户超过其配额限制。例如，500MB 的文件在压缩后为 400MB，Windows 将按照 500MB 计算配额限制。相反，Windows 将跟踪压缩文件夹的使用情况，并根据压缩的大小来计算配额限制。例如，500MB 的文件夹在压缩后为 300MB，那么 Windows 只将配额限制计算为 300MB。

2. 设置磁盘配额

以管理员 Administrator 的身份登录 Windows Server 2019，打开文件资源管理器窗口。

（1）选择 D 盘并单击鼠标右键，在弹出的快捷菜单中选择"属性"命令，弹出"本地磁盘（D:）属性"对话框，选择"配额"选项卡，勾选"启用配额管理"复选框，在"为该卷上的新用户选择默认配额限制:"选项组中，单击"将磁盘空间限制为"单选按钮，勾选"用户超出配额限制时记录事件"复选框、"用户超过警告等级时记录事件"复选框，如图 4.52 所示，单击"配额项"按钮，打开"（D:）的配额项"窗口，如图 4.53 所示。

图 4.52 "本地磁盘（D:）属性"对话框

图 4.53 "（D:）的配额项"窗口

（2）选择"配额"→"新建配额项"命令，弹出"选择用户"对话框，单击"高级"→"立即查找"按钮，即可在"搜索结果"列表框中选择要添加的用户，单击"确定"按钮，如图 4.54 所示，单击"确定"按钮，弹出"添加新配额项"对话框，如图 4.55 所示，设置当前用户的磁盘配额限制后，单击"确定"按钮，返回"（D:）的配额项"窗口，查看新添加的用户配额项，如图 4.56 所示。

图 4.54　添加用户

图 4.55　"添加新配额项"对话框

图 4.56　查看新添加的用户配额项

4.3.6　动态磁盘卷管理

在 Windows Server 2019 中动态磁盘中创建卷与在基本磁盘中创建分区的操作类似。

1. 创建 RAID-5 卷

（1）以管理员 Administrator 的身份登录 Windows Server 2019，按"Win+R"组合键，弹出"运行"对话框，输入 diskmgmt.msc 命令，打开"磁盘管理"窗口，选择"磁盘 1"并单击鼠标右键，弹出快捷菜单，如图 4.57 所示，选择"转换到动态磁盘"命令，弹出"转换为动态磁盘"对话框，勾选"磁盘 1"～"磁盘 4"复选框，将这 4 个磁盘转换为动态磁盘，如图 4.58 所示。

图 4.57　快捷菜单

图 4.58　"转换为动态磁盘"对话框

（2）在磁盘 1 的未分配空间上单击鼠标右键，在弹出的快捷菜单中选择"新建 RAID-5 卷"命令，弹出"新建 RAID-5 卷"对话框，如图 4.59 所示，单击"下一步"按钮，进入"选择磁盘"界面，如图 4.60 所示。

图 4.59 "新建 RAID-5 卷"对话框

图 4.60 "选择磁盘"界面

（3）将"可用"列表框中的磁盘选项都添加至"已选的"列表框中，单击"下一步"按钮，进入"分配驱动器号和路径"界面，如图 4.61 所示，单击"分配以下驱动器号"单选按钮，这里选择"K"选项，单击"下一步"按钮，进入"卷区格式化"界面，单击"按下列设置格式化这个卷"单选按钮，如图 4.62 所示，勾选"执行快速格式化"复选框。

图 4.61 "分配驱动器号和路径"界面

图 4.62 "卷区格式化"界面

（4）单击"下一步"按钮，进入"正在完成新建 RAID-5 卷向导"界面，如图 4.63 所示，单击"完成"按钮，返回"磁盘管理"窗口，如图 4.64 所示。

图 4.63 "正在完成新建 RAID-5 卷向导"界面

图 4.64 RAID-5 卷创建完成后的"磁盘管理"窗口

2. 维护 RAID-5 卷

在 Windows Server 2019 上建立 RAID-5 卷（K 盘），使用磁盘 1～4，在 K 盘中新建文件夹 test01，供测试使用。（磁盘驱动器号根据不同情况会有变化。）

对于 RAID-5 卷的错误，可选择该卷并单击鼠标右键，在弹出的快捷菜单中选择"重新激活卷"命令进行修复。如果修复失败，则需要更换磁盘并在新磁盘中重建 RAID-5 卷。RAID-5 卷的故障恢复过程如下。

（1）构建故障。在虚拟机的设置中，将第 2 块 SCSI 控制器上的硬盘删除，返回"磁盘管理"窗口，可以看到"磁盘 2"显示为"丢失"，K 盘显示为"失败的重复"，如图 4.65 所示。

图 4.65　构建故障

（2）选择将要修复的 RAID-5 卷并单击鼠标右键，在弹出的快捷菜单中选择"重新激活卷"命令，如图 4.66 所示。由于成员磁盘失效，所以会弹出"缺少成员"提示对话框，如图 4.67 所示。

图 4.66　选择"重新激活卷"命令

图 4.67　"缺少成员"提示对话框

（3）新添加一块磁盘，并将其转换为动态磁盘，选择要修复的 RAID-5 卷并单击鼠标右键，在弹出的快捷菜单中选择"修复卷"命令，如图 4.68 所示，弹出"修复 RAID-5 卷"对话框，如图 4.69 所示。

图 4.68　选择"修复卷"命令

图 4.69　"修复 RAID-5 卷"对话框

（4）单击"确定"按钮，返回"磁盘管理"窗口，可以看到 RAID-5 卷在新磁盘中重新建立，并进行数据的同步操作。同步完成后，RAID-5 卷被成功修复，可以看到 K 盘中的文件夹 test01 仍然存在。

课后实训

随着业务的发展，某公司现有的工作组模式的网络已经不能满足业务需求，经过多方论证，公司决定使用服务器 Windows Server 2019 的域模式进行管理，公司的域控制器 Win2019-01 新增了 5 块硬盘，公司的成员服务器 Win2019-03 新增了 3 块硬盘，请完成以下工作任务。

（1）在成员服务器 Win2019-03 上初始化磁盘，在磁盘上新建分区，创建主磁盘分区与扩展磁盘分区，并进行合理设置。

（2）格式化磁盘分区，标注磁盘分区为活动分区。

（3）对磁盘进行碎片整理。

（4）在域控制器 Win2019-01 上添加磁盘，初始化磁盘，并将磁盘转换为动态磁盘。

（5）创建 RAID-5 卷，并进行相应的数据恢复实验。

请按照上述要求做出合适的配置，以检查学习效果。

本章小结

本章包含 3 节。

4.1 文件系统基础知识，主要有文件系统概述，包括 FAT 文件系统、NTFS、FAT 文件系统与 NTFS 对比；认识 NTFS 权限，包括 NTFS 权限的类型、多重 NTFS 权限、继承与阻止继承 NTFS 权限、共享文件夹权限与 NTFS 权限的组合、复制和移动文件及文件夹等相关理论知识。

4.2 磁盘管理基础知识，主要讲解 MBR 磁盘与 GPT 磁盘，包括 MBR 磁盘、GPT 磁盘；认识基本磁盘，包括基本磁盘、动态磁盘；RAID 磁盘管理技术，包括 RAID 中的关键概念和技术、常见的 RAID 类型等相关理论知识。

4.3 技能实践，主要讲解压缩文件，包括 NTFS 压缩、压缩（zipped）文件夹；加密文件系统；基本磁盘分区管理，包括添加新硬盘、使用磁盘管理工具、新建基本卷、指定活动的磁盘分区、更改驱动器和路径；碎片整理和优化驱动器；磁盘配额管理，包括磁盘配额基础知识、设置磁盘配额；动态磁盘卷管理，包括创建 RAID-5 卷、维护 RAID-5 卷等相关知识技能。

课后习题

1．填空题

（1）运行 Windows Server 2019 的计算机的磁盘分区可以使用 3 种类型的文件系统:（   ）、（   ）和（   ）。

（2）将 D 盘 FAT 分区转化为 NTFS 分区的命令为（   ）。

（3）NTFS 具有的 3 个功能为（   ）、（   ）和（   ）。

（4）NTFS 分区主要由（   ）、（   ）、（   ）和文件属性域等 4 个部分组成。

（5）NTFS 文件权限有（   ）、（   ）、修改、（   ）、（   ）和特殊权限。

（6）磁盘按分区表的格式可以分为（   ）磁盘和（   ）磁盘。

（7）Windows 将磁盘分为（   ）和（   ）两种类型。

（8）对新购置的物理磁盘，不管是用于 Windows 还是用于 Linux，都要进行（　　）、（　　）和挂载操作。

（9）Windows 的一个 GPT 磁盘内最多可以建立（　　）个主磁盘分区，因此 GPT 磁盘不需要（　　）分区。

（10）MBR 磁盘最多只允许有（　　）个主磁盘分区或（　　）个主磁盘分区和一个扩展磁盘分区。

（11）动态磁盘可以创建 5 种类型的卷：（　　）、（　　）、带区卷、镜像卷、（　　）。

（12）Windows Server 2019 支持 NTFS 压缩和（　　）这两种不同的压缩方法。

（13）在 Windows Server 2019 中，按"Win+R"组合键，弹出"运行"对话框，输入（　　）命令，可打开"磁盘管理"窗口。

（14）当在 NTFS 分区卷上为共享文件夹授予权限时，默认 Everyone 组具有（　　）权限。

2. 简答题

（1）简述 FAT 文件系统的特点。

（2）简述 NTFS 的功能。

（3）简述 NTFS 的特点。

（4）简述 NTFS 的权限。

（5）简述 NTFS 分区的主要组成部分。

（6）简述 FAT 文件系统与 NTFS 的区别。

（7）简述 MBR 磁盘与 GPT 磁盘各自的特点。

（8）简述动态磁盘类型。

（9）简述 RAID 磁盘管理技术的原理。

第5章
DNS服务器配置管理

本章主要讲解DNS基础知识和技能实践，包括DNS简介、域名空间结构、DNS的工作原理、DNS服务器的类型、安装DNS服务器角色和管理DNS服务、部署主DNS服务器、部署辅助DNS服务器、部署存根DNS服务器、部署委派DNS服务器等相关内容。

【知识目标】

- 理解DNS的概念及域名空间结构。
- 掌握DNS的工作原理。
- 掌握DNS服务器的类型。

【能力目标】

- 掌握DNS服务器角色的安装和DNS服务的管理。
- 掌握部署主DNS服务器、部署辅助DNS服务器、部署存根DNS服务器、部署委派DNS服务器等的相关操作。

【素养目标】

- 培养自我学习的能力和习惯。
- 培养工匠精神，要求做事严谨、精益求精、着眼细节、爱岗敬业。

5.1 DNS 基础知识

DNS 是进行域名（Domain Name）和与之对应的 IP 地址（IP Address）转换的服务器。DNS 中保存了一张域名和与之对应的 IP 地址的表，以解析消息的域名。域名是 Internet 中某一台计算机或计算机组的名称，用于在数据传输时标识计算机的电子方位（有时也指地理位置）。域名是由一串用点分隔的名称组成的，通常包含组织名，且始终包括两到三个字母的后缀，以指明组织的类型或该域名所在的国家或地区。

5.1.1 DNS简介

DNS 的核心思想是分级，是一种分布式的、分层次的、客户端/服务器模式

V5-1 DNS 简介

的数据库管理系统。它主要用于将主机名和电子邮件地址映射成 IP 地址。一般来说，每个组织都有自己的 DNS 服务器，并维护域名映射数据库记录或资源记录。每个登记的域都将自己的数据库列表提供给整个网络复制。

　　IP 地址是主机的身份标识，但是对人类来说，记住大量的诸如 202.199. 184.189 的 IP 地址太难了，相对而言，主机名一般具有一定的含义，比较容易记忆，因此，如果计算机能够提供某种工具，使人们可以方便地根据主机名获得 IP 地址，那么这个工具会备受青睐。在网络发展的早期，一种简单的实现方法就是把域名和 IP 地址的对应关系保存在一个文件中，计算机利用这个文件进行域名解析，例如，在 Linux 中，这个文件就是/etc/hosts，其内容如下。

```
[root@localhost ~]# cat   /etc/hosts
127.0.0.1     localhost localhost.localdomain localhost4 localhost4.localdomain4
::1           localhost localhost.localdomain localhost6 localhost6.localdomain6
[root@localhost ~]#
```

　　这种方式实现起来很简单，但是它有一个非常大的缺点，即内容更新不灵活，每台主机都要配置这样的文件，并及时更新内容，否则就得不到最新的域名信息，因此它只适用于一些规模较小的网络。随着网络规模的不断扩大，用单一文件实现域名解析的方法不再适用，取而代之的是基于分布式数据库的 DNS。DNS 将域名解析的功能分散到不同层级的 DNS 服务器中，这些 DNS 服务器协同工作，提供可靠、灵活的域名解析服务。

　　这里以日常生活中的常见例子进行介绍：公路上的汽车都有唯一的车牌号，如果有人说自己的车牌号是"80H80"，那么我们无法知道这个号码属于哪个城市，因为不同的城市都可以分配这个号码。现在假设这个号码来自辽宁省沈阳市，而沈阳市在辽宁省的城市代码是"A"，现在把城市代码和车牌号码组合在一起，即"A80H80"，但还是无法确定这个车牌号码的属地，因为其他的省份也有代码是"A"的城市，需要把辽宁省的简称"辽"加入进去，即"辽A80H80"，这样才能确定车牌号码的属地。

　　在这个例子中，辽宁省代表一个地址区域，定义了一个命名空间，这个命名空间的名称是"辽"。辽宁省的各个城市也有自己的命名空间，如"辽A"表示沈阳市，"辽B"表示大连市，在各个城市的命名空间中才能为汽车分配车牌号码。在 DNS 中，域名空间就是"辽"或"辽A"这样的命名空间，而主机名就是实际的车牌号码。

　　与车牌号码的命名空间一样，DNS 的域名空间也是分级的，在 DNS 域名空间中，最上面一层被称为"根域"，用"."表示。从根域开始向下依次划分为顶级域、二级域等各级子域，最下面一级是主机。子域和主机的名称分别称为域名和主机名，域名又有相对域名和绝对域名之分，就像 Linux 文件系统中的相对路径和绝对路径一样，如果从下往上将主机名及各级子域的所有绝对域名组合在一起，用"."分隔，就构成了主机的完全限定域名（Fully Qualified Domain Name，FQDN）。例如，辽宁省交通高等专科学校的 Web 服务器的主机名为"www"，域名为"lncc.edu.cn"，那么其 FQDN 就是"www.lncc.edu.cn"，通过 FQDN 可以唯一地确定互联网中的某一台主机。

5.1.2　域名空间结构

　　DNS 服务器提供了域名解析服务，但不是所有的域名都可以交给一台 DNS 服务器来解析，因为互联网中有不计其数的域名，且域名的数量还在不断增长。一种可行的方法是把域名空间划分成若干区域进行独立管理，区域是连续的域名空间，每个区域都由特定的 DNS 服务器来管理，一台 DNS 服务器可以管理多个区域，每个区域都在单独的区域文件中保存域名解析数据。

V5-2　域名空间
结构

1. 根域和顶级域

在域名空间结构中，根域位于最顶层，提供根域名服务，管理根域的 DNS 服务器称为根服务器，在 Internet 中，根域是默认的，一般不需要表示出来。顶级域位于根域的下一层，常见的顶级域有商业机构 ".com"，教育、学术研究单位 ".edu"，财团法人等非营利机构 ".org"，官方政府单位 ".gov"，网络服务机构 ".net"，专业人士网络 ".pro"，以及代表国家和地区的中国 ".cn"、美国 ".us"、日本 ".jp" 等。顶级域服务器负责管理顶级域名的解析，在顶级域服务器下面还有二级域服务器等，假如现在把解析 "www.lncc.edu.cn" 的任务交给根域服务器，根域服务器并不会直接返回这个主机名的 IP 地址，因为根域服务器只知道各个顶级域服务器的地址，它会把解析 ".cn" 顶级域名的权限授予其中一台顶级域服务器（假设是服务器 A）。这个过程会一直继续下去，直到最后有一台负责处理 ".lncc.edu.cn" 的服务器直接返回 "www.lncc.edu.cn" 的 IP 地址。在这个过程中，DNS 把域名的解析权限层层向下授予下一级 DNS 服务器，这种基于授权的域名解析就是 DNS 的分级管理机制，又称为区域委派。

目前，全球共有 13 台根域名服务器，这 13 台根域名服务器的名称分别为 A~M，有 10 台放置在美国，另外 3 台分别放置在英国、瑞典和日本。其中，1 台为主根服务器，放置在美国；其余 12 台均为辅根服务器，9 台放置在美国，2 台放置在英国和瑞典，1 台放置在日本。所有根域名服务器均由美国政府授权的互联网域名与号码分配机构统一管理，负责全球互联网域名根服务器、域名体系和 IP 地址等的管理。这 13 台根域名服务器可以指挥类似 Firefox 或 Internet Explorer 等的 Web 浏览器和电子邮件程序控制互联网通信。

2. 子域

在 DNS 域名空间中，除了根域和顶级域之外，其他域都称为子域。子域是有上级域的域，一个域可以有多个子域。子域是相对而言的，如 www.lncc.edu.cn 中，www.lncc.edu 是 cn 的子域，lncc 是 edu.cn 的子域。

和根域相比，顶级域实际是处于第二层的域，但它们还是被称为顶级域。根域从技术的含义上是一个域，但常常不被当作一个域。根域只有很少几个根级成员，它们的存在只是为了支持域名树的存在。

第二层域（顶级域）是属于单位团体或地区的，用域名的最后一部分（即域后缀）分类。例如，域名 edu.cn 代表中国的教育系统。多数域后缀可以反映使用这个域名的组织的性质，但并不总是很容易通过域名后缀来确定其所代表的组织、单位的性质。

3. 主机

在域名层次结构中，主机可以存在于根以下的各层上。域名树是层次型的，而不是平面型的，因此只要求主机名在每一连续的域名空间中是唯一的，而在相同层中可以有相同的名称。如 www.lncc.edu.cn、www.ryjiaoyu.com 都是有效的主机名。也就是说，即使这些主机名有相同的 www，但都可以被正确地解析到，即只要主机在不同的子域，就可以重名。

5.1.3 DNS 的工作原理

DNS 域名的解析方法主要有两种：一种是通过 hosts 文件进行解析，另一种是通过 DNS 服务器进行解析。

1. hosts 文件

通过 hosts 文件解析域名只是 Internet 中最初使用的一种查询方式。采用 hosts 文件进行解析时，必须手动输入、删除、修改所有 DNS 名称与 IP 地址的对应数据，即把全世界所有的 DNS 名称写在一个文件中，并将该文件存储到解析服务中。如果客户端需要解析名称，则要到解析服务器中查询 hosts 文件。

V5-3　DNS 的
工作原理

全世界所有的解析服务器中的 hosts 文件都需要保持一致。当网络规模较小时，通过 hosts 文件进行解析这种方法还是可以采用的。然而，当网络规模越来越大时，为保持网络中所有服务器的 hosts 文件的一致性，需要进行大量的管理和维护工作。在大型网络中，这将是一项沉重的负担，这种方法显然是不适用的。

在 Windows Server 2019 中，hosts 文件位于%systemroot%system32\drivers\etc 目录中，本例中该文件位于 C:\Windows\system32\drivers\etc 目录下。该文件是一个纯文本文件，如图 5.1 所示。

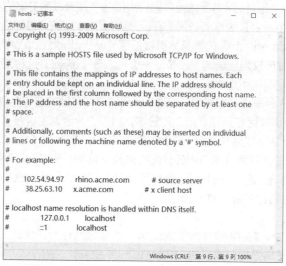

图 5.1　Windows Server 2019 中的 hosts 文件

2. DNS 服务器

通过 DNS 服务器进行解析是目前 Internet 上最常用、最便捷的域名解析方法。全世界有众多 DNS 服务器，它们各司其职，协同工作，构成了一个分布式的 DNS 域名解析网络。例如，lncc.edu.cn 的 DNS 服务器只负责本域内数据的更新，而其他 DNS 服务器并不知道也无须知道 lncc.edu.cn 域中有哪些主机，但它们知道 lncc.edu.cn 的 DNS 服务器的位置；当需要解析 lncc.edu.cn 时，它们就会向 lncc.edu.cn 的 DNS 服务器发出请求。采用这种分布式解析结构时，一台 DNS 服务器出现故障并不会影响整个体系，而数据的更新操作也只在其中的一台或几台 DNS 服务器上进行，使得整体的解析效率大幅提高了。

下面介绍 DNS 的查询过程。

（1）当用户在浏览器地址栏中输入 www.163.com 域名后，操作系统会先检查自己的本地 hosts 文件中是否有这个域名的映射关系，如果有，则直接调用这个映射关系，完成域名解析。

（2）如果 hosts 文件中没有这个域名的映射关系，则查找本地 DNS 解析器缓存，查看其中是否有对应的映射关系，如果有，则直接返回，完成域名解析。

（3）如果 hosts 文件与本地 DNS 解析器缓存中都没有相应的映射关系，则查找 TCP/IP 参数中设置的首选 DNS 服务器，在此称其为本地 DNS 服务器，此服务器收到查询请求时，如果要查询的域名包含在本地配置区域资源中，则返回解析结果给客户端，完成域名解析，此解析具有权威性。

（4）如果要查询的域名未在本地 DNS 服务器区域解析，但该服务器已缓存了此域名的映射关系，则调用这个映射关系，完成域名解析，此解析不具有权威性。

（5）如果本地 DNS 服务器的本地配置区域资源与缓存解析都失效，则根据本地 DNS 服务器的设置（是否设置转发器）进行查询。如果未使用转发模式，则本地 DNS 服务器会把请求发送至根 DNS 服务器，根 DNS 服务器收到请求后会判断这个域名（.com）是谁授权管理的，并会返回负责该顶级域名的服务器的 IP 地址。本地 DNS 服务器收到 IP 地址信息后，联系负责.com 域的服务器。负责.com 域的服务器收到请求后，如果自己无法解析，则会发送一个管理.com 域的下一级 DNS 服务器的 IP 地址（163.com）给本地 DNS 服务器。当本地 DNS 服务器收到这个地址后，就会查找负责 163.com 域的服务器，重复上面的动作，进行查询，直至找到 www.163.com 主机。

（6）如果使用的是转发模式，则此 DNS 服务器会把请求转发至上一级 DNS 服务器，由上一级 DNS 服务器进行解析，如果上一级 DNS 服务器无法解析，则查找根 DNS 服务器或把请求转至上一级，以此循环。不管本地 DNS 服务器使用的是转发还是根服务器，最后都要将结果返回给本地 DNS 服务器，再由此 DNS 服务器返回给客户端。

5.1.4　DNS 服务器的类型

按照配置和功能的不同，DNS 服务器可分为不同的类型，常见的 DNS 服务器类型有以下 4 种。

1. 主 DNS 服务器

主 DNS 服务器对其所管理区域的域名解析提供最权威和最精确的响应，是所管理区域域名信息的初始来源。搭建主DNS服务器需要准备全套的配置文件，包括主配置文件、正向解析区域文件、反向解析区域文件、高速缓存初始化文件和回送文件等。正向解析是指从域名到 IP 地址的解析，反向解析则正好相反。

V5-4　DNS
服务器的类型

2. 辅助 DNS 服务器

辅助 DNS 服务器也称为从 DNS 服务器，它从主 DNS 服务器中获得完整的域名信息备份，可以对外提供权威和精确的域名解析服务，可以减轻主 DNS 服务器的查询负载，辅助 DNS 服务器的域名信息和主 DNS 服务器的完全相同，它是主 DNS 服务器的备份，提供的是冗余的域名解析服务。

3. 高速缓存 DNS 服务器

高速缓存 DNS 服务器将从其他 DNS 服务器处获得的域名信息保存在自己的高速缓存中，并利用这些信息为用户提供域名解析服务。高速缓存 DNS 服务器的信息都具有时效性，过期之后便不再可用，高速缓存 DNS 服务器不是权威服务器。

4. 转发 DNS 服务器

转发 DNS 服务器在对外提供域名解析服务时，优先从本地缓存中进行查找，如果本地缓存中没有匹配的数据，则会向其他 DNS 服务器转发域名解析请求，并将从其他 DNS 服务器中获得的结果保存在自己的缓存中。转发 DNS 服务器的特点是可以向其他 DNS 服务器转发自己无法完成的解析请求任务。

5.2　技能实践

配置 DNS 服务器的首要任务就是建立 DNS 区域和域的树状结构。DNS 服务器以区域为单位来管理服务。区域是一个数据库，用来连接 DNS 名称和相关数据，如 IP 地址和网络服务，在 Internet 环境中一般用二级域名来命名，如 abc.com。而 DNS 区域分为两类：一类是正向搜索区域，即域名到 IP 地址的数据库，用于提供域名转换为 IP 地址的服务；另一类是反向搜索区域，即 IP 地址到域名的数据库，用于提供 IP 地址转换为域名的服务。

5.2.1 安装DNS服务器角色和管理DNS服务

在安装 AD DS 角色时，可以选择同时安装 DNS 服务器角色，如果没有安装，则可以在计算机上通过"服务器管理器"窗口安装 DNS 服务器角色。

V5-5　安装 DNS
服务器角色

1. 安装 DNS 服务器角色

安装 DNS 服务器角色的具体步骤如下。

（1）打开"服务器管理器"窗口，选择"管理"→"添加角色和功能"命令，打开"添加角色和功能向导"窗口，如图 5.2 所示，持续单击"下一步"按钮，直到进入"选择服务器角色"界面，勾选"DNS 服务器"复选框，弹出"添加角色和功能向导"对话框。

图 5.2　"添加角色和功能向导"窗口

（2）单击"添加功能"按钮，返回"选择服务器角色"界面，持续单击"下一步"按钮，最后单击"安装"按钮，开始安装 DNS 服务器。安装完毕后，单击"关闭"按钮，完成 DNS 服务器角色的安装。

2. DNS 服务的启动或停止

要启动或停止 DNS 服务，可以使用"DNS 管理器"窗口、"服务"窗口、net 命令 3 种方式来实现，具体步骤如下。

（1）通过"DNS 管理器"窗口实现 DNS 服务的启动或停止。

打开"服务器管理器"窗口，选择"工具"→"DNS"命令，打开"DNS 管理器"窗口，在左侧控制台树中选择服务器"SERVER-01"并单击鼠标右键，在弹出的快捷菜单中选择"所有任务"→"启动""停止""暂停""恢复"或"重新启动"命令，即可启动或停止 DNS 服务，如图 5.3 所示。

（2）通过"服务"窗口实现 DNS 服务的启动或停止。

打开"服务器管理器"窗口，选择"工具"→"服务"命令，打开"服务"窗口，选择"DNS Server"选项，如图 5.4 所示，双击，弹出"DNS Server 的属性（本地计算机）"对话框，在"服务状态"选项组中，单击"启动"或"停止"按钮，即可启动或停止 DNS 服务，如图 5.5 所示。

（3）使用 net 命令实现 DNS 服务的启动或停止。

以域管理员用户账户登录服务器 server-01，在"命令提示符"窗口中输入 net stop dns 命令停止 DNS 服务，输入 net start dns 命令启动 DNS 服务，如图 5.6 所示。

图 5.3　启动或停止 DNS 服务的命令

图 5.4　选择"DNS Server"选项

图 5.5　"DNS Server 的属性（本地计算机）"对话框

图 5.6　使用 net 命令停止或启动 DNS 服务

5.2.2　部署主 DNS 服务器

在实际应用中，DNS 服务器一般会与活动目录区域集成，所以当安装完成 DNS 服务器，新建区域后，可直接提升该服务器为域控制器，将新建区域更新为活动目录集成区域。

V5-6　部署
主 DNS 服务器

1. 项目规划

部署主 DNS 服务器的网络拓扑结构图如图 5.7 所示。

一个区域的主要区域建立在该区域的主 DNS 服务器上。主要区域的数据库文件是可读写的，所有针对该区域的添加、修改和删除等写入操作都必须在主要区域中进行。

图 5.7　部署主 DNS 服务器的网络拓扑结构图

FQDN 可以从逻辑上准确地表示出主机在什么地方，也可以说 FQDN 是主机名的一种完全表示形式。从 FQDN 包含的信息中可以看出主机在域名树中的位置。

初始授权（Start Of Authority，SOA）记录用于表示一个区域的开始，其记录的所有信息是用于控制这个区域的。每个区域数据库文件都必须包含一个 SOA 记录，并且必须是其中的第一个资源记录，用于标记 DNS 服务器所管理的起始位置。

名称服务器（Name Server，NS）记录用于标识一个区域的 DNS 服务器。

主机记录（Address，A）也称为 Host 记录，用于建立 DNS 名称到 IP 地址的映射关系，以实现正向解析。

规范名称（Canonical Name）记录也称为别名（Alias）记录，用于定义主机记录的别名，将 DNS 域名映射到另一个主要的或规范的名称，该名称可能为 Internet 中规范的名称，如 www。

指针记录（Pointer Record，PTR）用于建立 IP 地址到 DNS 名称的映射关系，实现反向解析。

邮件交换器（Mail eXchanger，MX）记录用于指定交换或者转发邮件信息的服务器，该服务器知道如何将邮件传送到最终目的地。

在部署主 DNS 服务器之前需完成如下配置。

（1）在服务器 server-01 上部署域环境，域名为 abc.com。

（2）设置 DNS 服务器的 TCP/IP 属性，设置其 IP 地址、子网掩码、默认网关和 DNS 服务器的 IP 地址等相关信息。

（3）设置 Windows 10 客户端主机的 TCP/IP 属性，设置其 IP 地址、子网掩码、默认网关和 DNS 服务器的 IP 地址等相关信息。

2. 创建正向主要区域

在主 DNS 服务器上创建正向主要区域"abc.com"的具体步骤如下。

（1）在主 DNS 服务器上，打开"服务器管理器"窗口，选择"工具"→"DNS"命令，打开"DNS 管理器"窗口，展开 DNS 服务器目录树，选择"正向查找区域"选项并单击鼠标右键，在弹出的快捷菜单中选择"新建区域"命令，如图 5.8 所示，弹出"新建区域向导"对话框，如图 5.9 所示。

（2）单击"下一步"按钮，进入"区域类型"界面，如图 5.10 所示，单击"主要区域"单选按钮，默认勾选"在 Active Directory 中存储区域（只有 DNS 服务器是可写域控制器时才可用）"复选框，单击"下一步"按钮，进入"Active Directory 区域传送作用域"界面，如图 5.11 所示。

图 5.8　选择"新建区域"命令

图 5.9　"新建区域向导"对话框

图 5.10　"区域类型"界面

图 5.11　"Active Directory 区域传送作用域"界面

（3）单击"至此域中域控制器上运行的所有 DNS 服务器：abc.com"单选按钮，单击"下一步"按钮，进入"区域名称"界面，输入区域名称，如 xyz.com（注意，如果是活动目录集成的区域，则不需要指定区域文件，否则需要指定区域文件 xyz.com.dns），如图 5.12 所示，单击"下一步"按钮，进入"动态更新"界面，如图 5.13 所示。

图 5.12　"区域名称"界面

图 5.13　"动态更新"界面

（4）单击"下一步"按钮，进入"正在完成新建区域向导"界面，如图 5.14 所示，单击"完成"按钮，返回"DNS 管理器"窗口，完成正向主要区域的创建，如图 5.15 所示。

图 5.14 "正在完成新建区域向导"界面

图 5.15 完成正向主要区域的创建

3. 创建反向主要区域

反向主要区域用于通过 IP 地址来查询 DNS 名称，创建反向主要区域的具体步骤如下。

（1）在主 DNS 服务器上，打开"服务器管理器"窗口，选择"工具"→"DNS"命令，打开"DNS 管理器"窗口，展开 DNS 服务器目录树，选择"反向查找区域"选项并单击鼠标右键，在弹出的快捷菜单中选择"新建区域"命令，如图 5.16 所示，弹出"新建区域向导"对话框，如图 5.17 所示，持续单击"下一步"按钮，直到进入"反向查找区域名称-IPv4"界面，单击"IPv4 反向查找区域"单选按钮。

图 5.16 选择"新建区域"命令

图 5.17 "反向查找区域名称-IPv4"界面

（2）单击"下一步"按钮，进入"反向查找区域名称-网络 ID"界面，单击"网络 ID"单选按钮，当输入网络 ID 为 192.168.100 时，反向查找区域的名称自动变为 100.168.192.in-addr.arpa，如图 5.18 所示，单击"下一步"按钮，进入"动态更新"界面，单击"允许非安全和安全动态更新"单选按钮，单击"下一步"按钮，进入"正在完成新建区域向导"界面，单击"完成"按钮，返回"DNS 管理器"窗口，完成反向主要区域的创建，如图 5.19 所示。

图 5.18 "反向查找区域名称–网络 ID"界面

图 5.19 完成反向主要区域的创建

4. 创建资源记录

主 DNS 服务器需要根据区域中的资源记录提供该区域的名称解析。因此，在区域创建完成之后，需要在区域中创建所需要的资源记录。

（1）新建主机

在主 DNS 服务器上，打开"服务器管理器"窗口，选择"工具"→"DNS"命令，打开"DNS管理器"窗口，展开 DNS 服务器目录树，选择"正向查找区域"→"abc.com"选项并单击鼠标右键，在弹出的快捷菜单中选择"新建主机（A 或 AAAA）"命令，如图 5.20 所示，弹出"新建主机"对话框，如图 5.21 所示，单击"添加主机"按钮。

图 5.20 选择"新建主机（A 或 AAAA）"命令

图 5.21 "新建主机"对话框

（2）新建别名

DNS 服务器同时还是 Web 服务器，为其设置别名 www，具体步骤如下。

在主 DNS 服务器上，打开"服务器管理器"窗口，选择"工具"→"DNS"命令，打开"DNS管理器"窗口，展开 DNS 服务器目录树，选择"正向查找区域"→"abc.com"选项并单击鼠标右键，在弹出的快捷菜单中选择"新建别名（CNAME）"命令，弹出"新建资源记录"对话框，输入别名及目标主机的 FQDN，新建别名，如图 5.22 所示，单击"确定"按钮，返回"DNS 管理器"窗口，完成别名的创建，如图 5.23 所示。

图 5.22　新建别名

图 5.23　完成别名的创建

（3）新建邮件交换器

在主 DNS 服务器上，打开"服务器管理器"窗口，选择"工具"→"DNS"命令，打开"DNS 管理器"窗口，展开 DNS 服务器目录树，选择"正向查找区域"→"abc.com"选项并单击鼠标右键，在弹出的快捷菜单中选择"新建邮件交换器（MX）"命令，弹出"新建资源记录"对话框，输入主机或子域以及邮件服务器的 FQDN，设置邮件服务器优先级，即新建邮件交换器，如图 5.24 所示，单击"确定"按钮，返回"DNS 管理器"窗口，完成邮件交换器的创建，如图 5.25 所示。

图 5.24　新建邮件交换器

图 5.25　完成邮件交换器的创建

（4）新建指针

在主 DNS 服务器上，打开"服务器管理器"窗口，选择"工具"→"DNS"命令，打开"DNS 管理器"窗口，展开 DNS 服务器目录树，选择"反向查找区域"→"100.168.192.in-addr.arpa"选项并单击鼠标右键，在弹出的快捷菜单中选择"新建指针（PTR）"命令，弹出"新建资源记录"对话框，输入主机 IP 地址及主机名，新建指针，如图 5.26 所示，单击"确定"按钮，返回"DNS 管理器"窗口，完成指针的创建，如图 5.27 所示。

图 5.26　新建指针

图 5.27　完成指针的新建

5. 客户端测试主 DNS 服务器

配置 DNS 客户端主机的相关信息，配置信息如下。

（1）配置 DNS 客户端

以管理员 Administrator 的身份登录到 DNS 客户端 win10-user01，在"Internet 协议版本 4（TCP/IPv4）属性"对话框中，相关地址配置信息如图 5.28 所示。

（2）使用 nslookup 命令测试主 DNS 服务器是否正常工作

在客户端 win10-user01 上，按"Win+R"组合键，弹出"运行"对话框，输入 cmd 命令，打开"命令提示符"窗口。

nslookup 命令是用来进行手动 DNS 查询的常用工具，这个工具有两种工作模式：非交互模式和交互模式。

① 非交互模式

非交互模式要在"命令提示符"窗口中输入完整的命令 nslookup　www.abc.com，如图 5.29 所示。

图 5.28　"Internet 协议版本 4（TCP/IPv4）属性"对话框

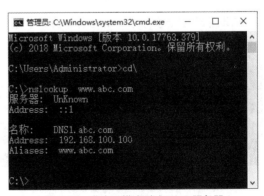

图 5.29　非交互模式测试 DNS 服务器

使用命令 nslookup 测试 DNS 服务器，如图 5.30 所示；测试邮件服务器，如图 5.31 所示。

```
C:\>nslookup  DNS1.abc.com
服务器：  DNS1.abc.com
Address:  192.168.100.100

名称:     DNS1.abc.com
Address:  192.168.100.100

C:\>
```

图 5.30　测试 DNS 服务器

```
C:\>nslookup  mail.abc.com
服务器：  DNS1.abc.com
Address:  192.168.100.100

名称:     mail.abc.com

C:\>
```

图 5.31　测试邮件服务器

② 交互模式

输入 nslookup 命令，不需要参数，就可以进入交互模式。任何一种模式都可以将参数传递给 nslookup，但在域名服务器出现故障时，更多的是使用交互模式。在交互模式下，可以在提示符"＞"后输入"help"或"？"来获得帮助信息，如图 5.32 所示，查找 DNS 区域信息，如图 5.33 所示。

图 5.32　交互模式下获得帮助信息

```
> set type=NS
> abc.com
服务器：  DNS1.abc.com
Address:  192.168.100.100

abc.com  nameserver = server-01.abc.com
server-01.abc.com      internet address = 192.168.100.100
```

图 5.33　查找 DNS 区域信息

查找邮件服务器记录信息，如图 5.34 所示；查找指针记录信息，如图 5.35 所示。

```
> set type=MX
> abc.com
服务器:  DNS1.abc.com
Address:  192.168.100.100

abc.com
        primary name server = server-01.abc.com
        responsible mail addr = hostmaster.abc.com
        serial  = 26
        refresh = 900 (15 mins)
        retry   = 600 (10 mins)
        expire  = 86400 (1 day)
        default TTL = 3600 (1 hour)
>
```

图 5.34　查找邮件服务器记录信息

```
> set type=PTR
> 192.168.100.100
服务器:  DNS1.abc.com
Address:  192.168.100.100

100.100.168.192.in-addr.arpa     name = DNS1.abc.com
>
```

图 5.35　查找指针记录信息

查找别名记录信息，如图 5.36 所示；查找主机记录信息，并使用 exit 命令退出 nslookup 环境，如图 5.37 所示。

```
> set type=cname
> www.abc.com
服务器: DNS1.abc.com
Address: 192.168.100.100

www.abc.com    canonical name = DNS1.abc.com
> exit

C:\>
```

图 5.36 查找别名记录信息

```
> set type=A
> 192.168.100.100
服务器: DNS1.abc.com
Address: 192.168.100.100

名称:    DNS1.abc.com
Address: 192.168.100.100

> exit

C:\>
```

图 5.37 查找主机记录信息并退出
nslookup 环境

说明:

set type 表示设置查找的类型;

set type=NS 表示查找 DNS 区域;

set type=MX 表示查找邮件服务器记录;

set type=PTR 表示查找指针记录;

set type=cname 表示查找别名记录;

set type=A 表示查找主机记录。

（3）使用 ping 命令测试主 DNS 服务器，如图 5.38 所示

```
C:\> ping www.abc.com

正在 Ping DNS1.abc.com [192.168.100.100] 具有 32 字节的数据:
来自 192.168.100.100 的回复: 字节=32 时间<1ms TTL=128
来自 192.168.100.100 的回复: 字节=32 时间<1ms TTL=128
来自 192.168.100.100 的回复: 字节=32 时间<1ms TTL=128
来自 192.168.100.100 的回复: 字节=32 时间<1ms TTL=128

192.168.100.100 的 Ping 统计信息:
    数据包: 已发送 = 4, 已接收 = 4, 丢失 = 0 (0% 丢失),
往返行程的估计时间(以毫秒为单位):
    最短 = 0ms, 最长 = 0ms, 平均 = 0ms

C:\>
```

图 5.38 使用 ping 命令测试主 DNS 服务器

6. 管理 DNS 客户端缓存

可以使用 ipconfig 命令查看本地网卡相关信息，如 IP 地址、网关地址、MAC 地址、DNS 服务器的 IP 地址等信息，也可以使用 ipconfig 命令来管理 DNS 客户端的缓存。

（1）查看本地网卡相关信息，命令如下。

ipconfig /all

命令执行结果如图 5.39 所示。

图 5.39 查看本地网卡相关信息

（2）查看 DNS 客户端缓存，命令如下。

```
ipconfig  /displaydns
```

命令执行结果如图 5.40 所示。

（3）清空 DNS 客户端缓存，命令如下。

```
ipconfig  /flushdns
```

5.2.3 部署辅助 DNS 服务器

一个区域的辅助区域建立在该区域的辅助 DNS 服务器上。辅助区域的数据库文件是主要区域数据库文件的副本，辅助区域需要定期通过主要区域传输数据库文件进行更新。辅助区域的主要作用是均衡 DNS 解析的负载以提高解析效率，同时提供容错功能。必要时可以将辅助区域转换为主要区域，辅助区域内的记录是只读的，不可以修改。

图 5.40 查看 DNS 客户端缓存

1. 项目规划

部署辅助 DNS 服务器的网络拓扑结构图如图 5.41 所示。

图 5.41 部署辅助 DNS 服务器的网络拓扑结构图

（1）在 DNS1 服务器上，首选 DNS 服务器的 IP 地址为 192.168.100.100，备用 DNS 服务器的 IP 地址为 192.168.100.101，建立主机记录（FQDN 为 DNS2.abc.com，IP 地址为 192.168.100.101）。

（2）在 DNS2 服务器上，首选 DNS 服务器的 IP 地址为 192.168.100.101，备用 DNS 服务器的 IP 地址为 192.168.100.100。

（3）在 DNS2 服务器上建立一个辅助区域 abc.com，此区域内的记录是从主 DNS 服务器 DNS1 通过区域传递复制过来的。

2. 新建辅助区域（DNS2）

在 DNS2 上新建辅助区域，并使此区域从 DNS1 上复制区域记录。

（1）在 DNS2 服务器上，打开"服务器管理器"窗口，选择"管理"→"添加角色和功能"命令，打开"添加角色和功能向导"窗口，在"选择服务器角色"界面中勾选"DNS 服务器"复选框，按向导提示在 DNS2 服务器上完成 DNS 服务器的安装。

（2）在 DNS2 服务器上，打开"服务器管理器"窗口，选择"工具"→"DNS"命令，打开"DNS 管理器"窗口，选择"正向查找区域"选项并单击鼠标右键，在弹出的快捷菜单中选择"新建区域"命令，单击"下一步"按钮，进入"区域类型"界面，如图 5.42 所示，单击"辅助区域"单选按钮，单击"下一步"按钮，进入"正向或反向查找区域"界面，如图 5.43 所示。

图 5.42　"区域类型"界面　　　　　图 5.43　"正向或反向查找区域"界面

（3）单击"下一步"按钮，进入"区域名称"界面，输入区域名称 abc.com，如图 5.44 所示，单击"下一步"按钮，进入"主 DNS 服务器"界面，在"主服务器"列表框中输入 IP 地址 192.168.100.100（即主 DNS 服务器的 IP 地址），如图 5.45 所示。

图 5.44　"区域名称"界面　　　　　图 5.45　"主 DNS 服务器"界面

（4）单击"下一步"按钮，进入"正在完成新建区域向导"界面，如图 5.46 所示，单击"完成"按钮，返回"DNS 管理器"窗口，完成"正向查找区域"的辅助区域的创建，如图 5.47 所示。

（5）重复步骤（2）～步骤（4），新建"反向查找区域"的辅助区域，操作步骤类似，这里不赘述，创建完成后如图 5.48 所示。

图 5.46　"正在完成新建区域向导"界面

图 5.47　完成"正向查找区域"的辅助区域的创建

133

图 5.48　完成"反向查找区域"的辅助区域的创建

3. 设置让 DNS1 允许区域传送

如果 DNS1 不允许将区域记录传送给 DNS2，那么 DNS2 向 DNS1 提出区域传送请求时会被拒绝，下面设置让 DNS1 允许将区域记录传送给 DNS2，相关步骤如下。

（1）在 DNS1 服务器（server-01）上，打开"服务器管理器"窗口，选择"工具"→"DNS"命令，打开"DNS 管理器"窗口，选择"正向查找区域"→"abc.com"选项并单击鼠标右键，在弹出的快捷菜单中选择"新建主机（A 或 AAAA）"命令，弹出"新建主机"对话框，输入名称和 IP 地址，如图 5.49 所示，单击"添加主机"按钮，返回"DNS 管理器"窗口，完成 DNS2 的添加，如图 5.50 所示。

图 5.49　"新建主机"对话框

图 5.50　完成 DNS2 的添加

（2）在 DNS1 服务器（server-01）上，打开"DNS 管理器"窗口，选择"正向查找区域"→"abc.com"选项并单击鼠标右键，在弹出的快捷菜单中选择"属性"命令，弹出"abc.com 属性"对话框，如图 5.51 所示，选择"区域传送"选项卡，勾选"允许区域传送"复选框，单击"只允许到下列服务器"单选按钮，单击"编辑"按钮，弹出"允许区域传送"对话框，在"辅助服务器的IP 地址"列表框中输入 IP 地址 192.168.100.101，如图 5.52 所示。

（3）单击"确定"按钮，返回"abc.com 属性"对话框，允许区域传送到 DNS2 设置完成，如图 5.53 所示，单击"确定"按钮，返回"DNS 服务器"窗口。

（4）在 DNS2 服务器上，打开"服务器管理器"窗口，选择"工具"→"DNS"命令，打开"DNS管理器"窗口，选择"正向查找区域"→"abc.com"选项，在 DNS2 服务器中可以看到已经把 DNS1区域记录传送过来了，此时，DNS1 与 DNS2 服务器的区域信息是一致的，如图 5.54 所示。

图 5.51 "abc.com 属性"对话框

图 5.52 "允许区域传送"对话框

图 5.53 允许区域传送到 DNS2 设置完成

图 5.54 完成区域记录传送

5.2.4 部署存根 DNS 服务器

一个区域的存根区域类似于辅助区域，也是主要区域的只读副本，但存根区域只从主要区域中复制 NS 记录、SOA 记录、主机记录的副本，而不是复制所有的区域数据库信息。

存根区域的 NS 记录、SOA 记录与主机记录是从主 DNS 服务器（此区域的授权服务器）复制过来的，当主 DNS 服务器内的这些记录发生变化时，它们通过区域传送的方式被复制过来。存根区域的区域传送只会传送 NS 记录、SOA 记录与主机记录。其中，主机记录用于记载授权服务器的 IP 地址，需要跟随 NS 记录一并被复制到存根区域，否则拥有存根区域的服务器无法解析到授权服务器的 IP 地址。当有 DNS 客户端来查询（查询模式为递归查询）存根区域内的资源记录时，存根 DNS 服务器会利用区域内的 NS 记录得知此区域的授权服务器，并向授权服务器查询（查询模式为迭代查询）。如果无法从存根区域内找到此区域的授权服务器，那么存根 DNS 服务器会采用标准方式向根域服务器查询。

1. 项目规划

部署存根 DNS 服务器的网络拓扑结构图如图 5.55 所示。

图 5.55 部署存根 DNS 服务器的网络拓扑结构图

（1）在 DNS1 服务器上，首选 DNS 服务器的 IP 地址为 192.168.100.100，备用 DNS 服务器的 IP 地址为 192.168.100.101，建立主机记录（FQDN 为 DNS2.abc.com，IP 地址为 192.168.100.101）。

（2）在 DNS2 服务器上，首选 DNS 服务器的 IP 地址为 192.168.100.101，备用 DNS 服务器的 IP 地址为 192.168.100.100。

（3）在 DNS2 服务器上建立一个正反向存根区域 abc.com，并将此区域的查询请求转发给此区域的授权服务器 DNS1 来处理，区域内的记录是从主 DNS 服务器 DNS1 通过区域传递方式复制过来的。

2. 新建存根区域（DNS2）

在 DNS2 服务器上新建存根区域，并设置让此区域从 DNS1（此区域的授权服务器）复制区域记录。

（1）在 DNS2 服务器上，打开"服务器管理器"窗口，选择"管理"→"添加角色和功能"命令，打开"添加角色和功能向导"窗口，在"选择服务器角色"界面中勾选"DNS 服务器"复选框，按向导提示在 DNS2 服务器上完成 DNS 服务器的安装。

（2）在 DNS2 服务器上，打开"服务器管理器"窗口，选择"工具"→"DNS"命令，打开"DNS 管理器"窗口，选择"正向查找区域"选项并单击鼠标右键，在弹出的快捷菜单中选择"新建区域"命令，单击"下一步"按钮，进入"区域类型"界面，如图 5.56 所示，单击"存根区域"单选按钮，单击"下一步"按钮，进入"区域名称"界面，如图 5.57 所示。

图 5.56 "区域类型"界面　　　　　　　　　图 5.57 "区域名称"界面

（3）输入区域名称 abc.com，单击"下一步"按钮，进入"区域文件"界面，如图 5.58 所示，单击"创建新文件、文件名为:"单选按钮,单击"下一步"按钮,进入"主 DNS 服务器"界面,输入主服务器的 IP 地址,如图 5.59 所示。

图 5.58 "区域文件"界面

图 5.59 "主 DNS 服务器"界面

(4)单击"下一步"按钮,进入"正在完成新建区域向导"界面,如图 5.60 所示,单击"完成"按钮,返回"DNS 管理器"窗口,完成存根区域的创建,如图 5.61 所示。

图 5.60 "正在完成新建区域向导"界面

图 5.61 完成存根区域的创建

3. 设置让 DNS1 允许区域传送

如果 DNS1 不允许将区域记录传送给 DNS2,那么 DNS2 向 DNS1 提出区域传送请求时会被拒绝,下面设置让 DNS1 允许将区域记录传送给 DNS2,相关操作如下。

(1)在 DNS1 服务器(server-01)上,打开"DNS 管理器"窗口,选择"正向查找区域"→"abc.com"选项并单击鼠标右键,在弹出的快捷菜单中选择"属性"命令,弹出"abc.com 属性"对话框,选择"区域传送"选项卡,勾选"允许区域传送"复选框,单击"只允许到下列服务器"单选按钮,单击"编辑"按钮,弹出"允许区域传送"对话框,在"辅助服务器的 IP 地址"列表框中输入 IP 地址 192.168.100.101(即 DNS2 服务器的 IP 地址)。

(2)类似地,选择"反向查找区域"选项并单击鼠标右键,添加反向查找区域 100.168.192.addr.arpa,在弹出的快捷菜单中选择"属性"命令,操作步骤与创建正向查找区域的类似,设置让 DNS1 可以将反向查找区域的记录通过区域传送复制给 DNS2。

如果确定所有配置都正确，但一直看不到这些记录，则可单击区域 abc.com 后按"F5"键来执行刷新操作，如仍然查看不到，则可将"DNS 管理器"窗口关闭后再重新打开。

存根 DNS 服务器默认会每隔 15 分钟自动请求主 DNS 服务器执行区域传送操作，也可以选中存根区域后单击鼠标右键，在弹出的快捷菜单中选择"从主服务器传输"或"从主服务器传送区域的新副本"命令，手动要求执行区域传送操作，但这样只会传送 NS 记录、SOA 记录与主机记录。

5.2.5　部署委派 DNS 服务器

DNS 名称解析是通过分布式结构来管理和实现的，它允许将 DNS 命名空间根据层次结构分割成一个或多个区域，并将这些区域委派给不同的 DNS 服务器进行管理。例如，某区域的 DNS 服务器（以下简称"委派服务器"）可以将其子域委派给另一台 DNS 服务器（以下称"受委派服务器"）全权管理，由受委派服务器维护该子域的数据库，并负责响应针对该子域的名称解析请求。而委派服务器无须进行任何针对该子域的管理工作，也无须保存该子域的数据库，只需要保留到达受委派服务器的指向，即当 DNS 客户端请求解析该子域的名称时，委派服务器将无法直接响应该请求，但其明确知道应该由哪台 DNS 服务器（即受委派服务器）来响应该请求。

采用区域委派可有效地均衡负载。将子域的管理和解析任务分配到各个受委派服务器，可以大幅降低父级域或顶级域名服务器的负载，提高解析效率。同时，这种分布式结构使得真正提供解析的受委派服务器更接近于客户端，从而减少了带宽资源的浪费。部署区域委派需要在委派服务器和受委派服务器中都进行必要的配置。

1. 项目规划

部署委派 DNS 服务器的网络拓扑结构图如图 5.62 所示。

图 5.62　部署委派 DNS 服务器的网络拓扑结构图

（1）在 DNS1 服务器上，首选 DNS 服务器的 IP 地址为 192.168.100.100，备用 DNS 服务器的 IP 地址为 192.168.100.101，建立主机记录（FQDN 为 DNS2.abc.com，IP 地址为 192.168.100.101）。

（2）在 DNS2 服务器上，首选 DNS 服务器的 IP 地址为 192.168.100.101，备用 DNS 服务器的 IP 地址为 192.168.100.100，建立主机记录（FQDN 为 DNS2.abc.com，IP 地址为 192.168.100.101）。

（3）将 DNS2 服务器升级为域控制器，安装 AD DS，父域为 abc.com，子域控制域为 lncc.abc.com。

2. 配置受委派服务器（DNS2）

在受委派 DNS 服务器 DNS2 上创建主区域"lncc.abc.com"，并在该域中创建资源记录，在委派 DNS 服务器 DNS1 上创建委派域"lncc"，具体操作步骤如下。

（1）在 DNS2 服务器上，打开"服务器管理器"窗口，选择"管理"→"添加角色和功能"命令，打开"添加角色和功能向导"窗口，在"选择服务器角色"界面中勾选"DNS 服务器"复选框，按向导提示在 DNS2 服务器上完成 DNS 服务器的安装。

（2）在 DNS2 服务器上，打开"服务器管理器"窗口，选择"工具"→"DNS"命令，打开"DNS 管理器"窗口，选择"正向查找区域"选项并单击鼠标右键，在弹出的快捷菜单中选择"新建区域"命令，弹出"新建区域向导"对话框，单击"下一步"按钮，进入"区域类型"界面，如图 5.63 所示，单击"主要区域"单选按钮，单击"下一步"按钮，进入"区域名称"界面，如图 5.64 所示。

图 5.63　"区域类型"界面

图 5.64　"区域名称"界面

（3）持续单击"下一步"按钮，单击"完成"按钮，区域创建完成后，新建资源记录，如主机 client.lncc.abc.com 对应的 IP 地址为 192.168.100.10，DNS2.lncc.abc.com 对应的 IP 地址为 192.168.100.101。

（4）创建反向主要区域 100.168.192.in-addr.arpa，DNS2 管理器设置完成后的界面如图 5.65 所示。

图 5.65　DNS2 管理器设置完成后的界面

（5）将 DNS2 升级为子域控制器（需要说明的是，这一步操作在部署委派域时并不是必须进行的）。在 DNS2 服务器上安装 AD DS，在安装过程中，单击"将新域添加到现有林"单选按钮，选择域类型为"子域"，父域为"abc.com"，子域为"lncc"，完成安装后，计算机自动重启，至此，DNS2 成功升级为子域 lncc.abc.com 的域控制器。

（6）在 DNS1 服务器上，打开"服务器管理器"窗口，选择"工具"→"DNS"命令，打开"DNS 管理器"窗口，选择"正向查找区域"选项并单击鼠标右键，在弹出的快捷菜单中选择"新建委派"命令，弹出"新建委派向导"对话框，如图 5.66 所示，单击"下一步"按钮，进入"受委派域名"界面，如图 5.67 所示。

图 5.66 "新建委派向导"对话框　　　　　图 5.67 "受委派域名"界面

（7）输入委派的域后单击"下一步"按钮，进入"名称服务器"界面，如图 5.68 所示，单击"添加"按钮，弹出"新建名称服务器记录"对话框，如图 5.69 所示。

图 5.68 "名称服务器"界面　　　　　图 5.69 "新建名称服务器记录"对话框

（8）输入服务器的 FQDN，在"此 NS 记录的 IP 地址"列表框中输入 IP 地址 192.168.100.101（即 DNS2 服务器的 IP 地址），单击"确定"按钮，返回"名称服务器"界面，名称服务器添加完成，如图 5.70 所示，单击"下一步"按钮，进入"正在完成新建委派向导"界面，如图 5.71 所示。

图 5.70 名称服务器添加完成　　　　　图 5.71 "正在完成新建委派向导"界面

（9）单击"完成"按钮，返回"DNS 管理器"窗口，可以查看刚刚创建的受委派 DNS 服务器选项，如图 5.72 所示。

（10）使用具有管理员权限的用户账户登录客户端 win10-user01，将首选 DNS 服务器的 IP 地址设置为 192.168.100.100，使用 nslookup 命令测试 DNS2.lncc.abc.com、client.lncc.abc.com。如果成功，则说明 IP 地址为 192.168.100.100 的服务器（DNS1 服务器）到 IP 地址为 192.168.100.101 的服务器（DNS2 服务器）委派成功，如图 5.73 所示。

图 5.72　受委派 DNS 服务器选项

图 5.73　测试委派 DNS 服务器

课后实训

某公司的总部在北京，公司域名为 abc.com，域控制器的服务器名称为 win2019-01，服务器的 IP 地址为 192.168.100.100/24，首选 DNS 服务器的 IP 地址为 192.168.100.100/24。其分公司位于上海，公司域名为 xyz.abc.com，域控制器的服务器名称为 win2019-02，服务器的 IP 地址为 192.168.100.101/24，首选 DNS 服务器的 IP 地址为 192.168.100.100/24。

假设你是公司的网络管理员，现在要对总公司与分公司的 DNS 服务器进行配置，要求如下。

（1）添加 DNS 服务器，部署主 DNS 服务器，配置 DNS 客户端，并测试主 DNS 服务器的配置。

（2）部署存根 DNS 服务器、配置转发 DNS 服务器，并测试存根 DNS 服务器。

（3）部署委派 DNS 服务器，并进行相关测试。

（4）要求总公司的 DNS 服务器既能完成公司内部的域名解析请求，又能完成外网的解析请求。

（5）要求总公司的 DNS 服务器能够完成分公司的域名解析请求，并进行相关测试。

（6）要求总公司 DNS 服务器具有容错性能，并进行相关测试。

请按照上述要求做出合适的配置，检查学习效果。

本章小结

本章包含两节。

5.1　DNS 基础知识，主要讲解域名空间结构，包括根域、顶级域、子域和主机；DNS 的工作原理，包括 hosts 文件、DNS 服务器；DNS 服务器的类型，包括主 DNS 服务器、辅助 DNS 服务器、高速缓存 DNS 服务器以及转发 DNS 服务器等相关理论知识。

5.2　技能实践，主要讲解安装 DNS 服务器角色和管理 DNS 服务，包括安装 DNS 服务器角色以及 DNS 服务的启动或停止；部署主 DNS 服务器，包括项目规划、创建正向主要区域、创建反向主要区域、创建资源记录、客户端测试主 DNS 服务器、管理 DNS 客户端缓存；部署辅助 DNS 服务器，包括项目规划、新建辅助区域（DNS2）、设置让 DNS1 允许区域传送；部署存根 DNS 服务器，包括项目规划、新建存根区域（DNS2）、设置让 DNS1 允许区域传送；部署委派 DNS 服务器，包括项目规划、配置受委派服务器（DNS2）等相关知识技能。

课后习题

1. 选择题

（1）【单选】DNS 提供了一个（　　　）命名方案。

    A. 分级　　　　　　B. 分组　　　　　　　C. 分层　　　　　　D. 多层

（2）【单选】顶级域中表示商业机构组织的是（　　　）。

    A. edu　　　　　　B. com　　　　　　　C. net　　　　　　D. org

（3）【单选】顶级域中表示教育、学术研究单位组织的是（　　　）。

    A. edu　　　　　　B. com　　　　　　　C. net　　　　　　D. org

（4）【单选】顶级域中表示网络服务机构组织的是（　　　）。

    A. edu　　　　　　B. com　　　　　　　C. net　　　　　　D. org

（5）【单选】在 DNS 域名空间中，最上面一层被称为"根域"，用（　　　）表示。

    A. *　　　　　　　B. !　　　　　　　　C. &　　　　　　　D. .

（6）【单选】在 Windows Server 2019 的 DNS 服务器上不可以新建的区域类型有（　　　）。

    A. 主要区域　　　B. 辅助区域　　　　　C. 存根区域　　　　D. 转换区域

（7）【单选】下面表示完全限定域名的是（　　　）。

    A. SOA　　　　　　B. NS　　　　　　　C. FQDN　　　　　D. PTR

（8）【单选】下面表示邮件交换器的是（　　　）。

    A. CNAME　　　　B. MX　　　　　　　C. NS　　　　　　D. FQDN

（9）【单选】下面表示名称服务器的是（　　　）。

    A. SOA　　　　　　B. NS　　　　　　　C. FQDN　　　　　D. PTR

（10）【单选】下面表示别名的是（　　　）。

    A. CNAME　　　　B. MX　　　　　　　C. NS　　　　　　D. FQDN

（11）【单选】下面表示指针记录的是（　　　）。

    A. SOA　　　　　　B. NS　　　　　　　C. FQDN　　　　　D. PTR

（12）【单选】下面表示主机记录的是（　　　）。

    A. CNAME　　　　B. MX　　　　　　　C. A　　　　　　　D. NS

2. 简答题

（1）简述根域和顶级域。

（2）简述 DNS 的工作原理。

（3）简述 DNS 服务器的类型。

第6章
DHCP服务器配置管理

本章主要讲解DHCP基础知识和技能实践，包括DHCP简介、DHCP的工作原理、DHCP地址分配类型、安装DHCP服务器角色、授权DHCP服务器、管理DHCP作用域、配置DHCP中继代理、配置DHCP超级作用域、DHCP数据库的备份和还原等相关内容。

【知识目标】

- 掌握DHCP的工作原理。
- 掌握DHCP地址分配类型。

【能力目标】

- 掌握安装DHCP服务器角色、授权DHCP服务器、管理DHCP作用域的相关方法。
- 掌握配置DHCP中继代理、配置DHCP超级作用域的相关方法。
- 掌握DHCP数据库的备份和还原相关配置方法。

【素养目标】

- 培养工匠精神，要求做事严谨、精益求精、着眼细节、爱岗敬业。
- 树立团队互助、进取合作的意识。

6.1 DHCP 基础知识

DHCP 是一个应用层协议。当将客户端 IP 地址设置为动态获取时，DHCP 服务器就会根据 DHCP 为客户端分配 IP 地址，使得客户端能够利用此 IP 地址上网。

6.1.1 DHCP 简介

DHCP 采用了客户端/服务器模式，使用用户数据报协议（User Datagram Protocol，UDP）传输，使用端口 67、68，从 DHCP 客户端到达 DHCP 服务器的报文使用目的端口 67，从 DHCP 服务器到达 DHCP 客户端的报文使用源端口 68。

手动设置每一台计算机的 IP 地址对于管理员来说是烦琐的，于是出现了自动配置 IP 地址的方式，这就是 DHCP。DHCP 可以自动为局域网中的每一台计算机分配 IP 地址，并完成每台计算机的 TCP/IP 配置，包括 IP 地址、子网掩码、网关以及 DNS 服务器的分配等，DHCP 服务器能够从预先设置的 IP 地址池中自动为主机分配 IP

V6-1 DHCP
简介

地址，它不仅能够解决 IP 地址冲突的问题，还能及时回收 IP 地址以提高 IP 地址的利用率。

网络中每一台主机的 IP 地址与相关配置可以采用以下两种方式获得：手动配置和自动获得（自动向 DHCP 服务器获取）。

在网络主机数目较少的情况下，可以手动为网络中的主机分配静态的 IP 地址，但有时工作量很大，这时就需要动态 IP 地址解决方案。在该方案中，每台计算机并不设定固定的 IP 地址，而是在计算机开机时才被分配一个 IP 地址，这台计算机被称为 DHCP 客户端（DHCP Client）。在网络中提供 DHCP 服务的计算机称为 DHCP 服务器。DHCP 服务器利用 DHCP 为网络中的主机分配动态 IP 地址，并提供子网掩码、默认网关以及 DNS 服务器的 IP 地址等。

动态 IP 地址方案可以减少管理员的工作量。只要 DHCP 服务器正常工作，IP 地址就不会发生冲突。想要大批量更改计算机的所在子网或其他 IP 参数，只要在 DHCP 服务器上进行操作即可，管理员不必为每一台计算机设置 IP 地址等相关参数。

需要动态分配网络 IP 地址的情况如下。

（1）网络中的主机很多，而 IP 地址不够用。例如，某公司网络有销售部、研发部、账务部、人事部共计 300 台计算机，采用静态 IP 地址时，每台计算机都需要预留一个 IP 地址，即共需要 300 个 IP 地址。然而，这 300 台计算机并不同时使用，尤其是销售部门的员工，他们平常不在公司内部工作，常常需要出差，能够在公司工作的员工甚至可能不到 100 人，这样就浪费了 200 个 IP 地址资源，这种情况下就可以使用 DHCP 服务。

（2）网络的规模较大，网络中需要分配 IP 地址的主机很多，特别是要在网络中增加和删除网络主机或者需要重新配置网络时，使用手动分配方式的工作量很大，且常常会因为用户不遵守规则而出现错误，如导致 IP 地址冲突。

（3）随着笔记本电脑的普及，移动办公的方式很常见，当计算机从一个网络移动到另一个网络时，每次移动也需要改变 IP 地址，且移动的计算机在每个网络中都需要占用一个 IP 地址。DHCP 服务可以让移动用户账户在不同的子网中移动，并在它们连接到网络时自动获得该网络的 IP 地址。

DHCP 服务器具有以下功能。

（1）可以给客户端分配永久固定的 IP 地址。

（2）保证任何 IP 地址在同一时刻只能由一个客户端使用。

（3）可以与那些用其他方法获得 IP 地址的客户端共存。

（4）可以向现有的无盘客户端分配动态 IP 地址。

6.1.2 DHCP 的工作原理

V6-2 DHCP 的
工作原理

DHCP 的工作原理如图 6.1 所示。

DHCP客户端　　　　　　　　　　DHCP服务器

① DHCP Discover（广播）

② DHCP Offer（单播）

③ DHCP Request（广播）

④ DHCP ACK（单播）

图 6.1 DHCP 的工作原理

（1）DHCP 客户端以广播的形式发送 DHCP Discover 报文寻找 DHCP 服务器。

（2）DHCP 服务器接收到 DHCP 客户端发送来的 DHCP Discover 报文之后，单播 DHCP Offer 报文来回复 DHCP 客户端，Offer 报文中包含 IP 地址和租约信息。

（3）DHCP 客户端收到 DHCP 服务器发送的 DHCP Offer 报文之后，以广播的形式向 DHCP 服务器发送 DHCP Request 报文，用来请求服务器将该 IP 地址分配给它。之所以要广播发送，是因为要通知其他 DHCP 服务器。该 DHCP 客户端已经接收一台 DHCP 服务器的信息了，不会再接收其他 DHCP 服务器的信息。

（4）DHCP 服务器接收到 DHCP Request 报文后，以单播的形式发送 DHCP ACK 报文给 DHCP 客户端。

DHCP 租期更新：当 DHCP 客户端的租约期剩下 50%时，DHCP 客户端会向 DHCP 服务器单播 DHCP Request 报文，请求续约，DHCP 服务器接收到 Request 报文后，会单播 DHCP ACK 报文表示延长租约期。

DHCP 重绑定：在 DHCP 客户端的租约期超过 50%且原先的 DHCP 服务器没有同意客户端续约 IP 地址的情况下，当 DHCP 客户端的租约期只剩下 12.5%时，DHCP 客户端会向网络中的其他 DHCP 服务器发送 DHCP Request 报文，请求续约，如果其他 DHCP 服务器有关于 DHCP 客户端当前 IP 地址的信息，则单播 DHCP ACK 报文回复客户端以续约，如果没有，则回复 DHCP NAK 报文，此时，DHCP 客户端会申请重新绑定 IP 地址。

DHCP 的 IP 地址释放：当 DHCP 客户端直到租约期满还未收到 DHCP 服务器的回复时，会停止使用该 IP 地址。当 DHCP 客户端租约期未满但不想再使用该 DHCP 服务器提供的 IP 地址时，会发送 DHCP Release 报文，告知 DHCP 服务器清除相关的租约信息，释放该 IP 地址。

6.1.3　DHCP 地址分配类型

DHCP 允许 3 种类型的 IP 地址分配。

（1）手动分配。客户端的 IP 地址是由网络管理员指定的，DHCP 服务器只是将指定的 IP 地址告知客户端。

（2）自动分配。DHCP 服务器为客户端指定一个永久性的 IP 地址，一旦客户端成功从 DHCP 服务器租用到该 IP 地址，就可以永久地使用该地址。

（3）动态分配。DHCP 服务器给客户端指定一个具有时间限制的 IP 地址，在时间到期或主机明确表示放弃后，该地址可以被其他主机使用。

在这 3 种 IP 地址分配类型中，只有动态分配可以重复使用客户端不再需要的 IP 地址。

6.2　技能实践

部署 DHCP 之前应该先进行规划，明确哪些 IP 地址用于自动分配给客户端，哪些是作用域中应包含的 IP 地址，哪些 IP 地址用于手动指定给特定的服务器。

若利用虚拟机环境来学习 DHCP 的知识，则需要注意以下两点问题。

（1）虚拟机在克隆复制时的网络 SID 是一样的，生成的虚拟机需要执行 "C:\Windows\System32\Sysprep" 目录下的程序 sysprep.exe，并勾选 "通用" 复选框，重新生成 SID。

（2）关闭、禁用或停止虚拟机网络的其他 DHCP 服务器功能，如停用 IP 共享设备或宽带路由器内的 DHCP 服务器功能，这些 DHCP 服务器都会干扰实验结果。

6.2.1 安装 DHCP 服务器角色

在安装 Active Directory 域服务角色时，可以选择同时安装 DHCP 服务器角色，如果没有安装 DHCP 服务器角色，则可以在计算机上通过"服务器管理器"窗口进行安装。

安装 DHCP 服务器角色的具体步骤如下。

（1）打开"服务器管理器"窗口，选择"管理"→"添加角色和功能"命令，在打开的"添加角色和功能向导"窗口中，持续单击"下一步"按钮，直到进入"选择服务器角色"界面，勾选"DHCP 服务器"复选框，弹出"添加角色和功能向导"对话框，单击"添加功能"按钮，如图 6.2 所示，返回"选择服务器角色"界面，持续单击"下一步"按钮，最后单击"安装"按钮，开始安装 DHCP 服务器。安装完毕后，单击"关闭"按钮，完成 DHCP 服务器角色的安装。

（2）在"服务器管理器"窗口中，选择"工具"→"DHCP"命令，打开"DHCP"窗口，如图 6.3 所示，可以在此配置和管理 DHCP 服务器。

图 6.2　"选择服务器角色"界面

图 6.3　"DHCP"窗口

注意　因为 DHCP 安装在域控制器上，尚没有被授权，且 IP 作用域尚没有新建和激活，所以在"IPv4"或"IPv6"选项处显示向下的红色箭头。

6.2.2 授权 DHCP 服务器

Windows Server 2019 为 AD 的网络提供了集成的安全性支持，针对 DHCP 服务器，它提供了授权的功能。使用这一功能可以对网络中配置正确的合法 DHCP 服务器进行授权，允许它们为客户端自动分配 IP 地址。同时，能够检测未授权的 DHCP 服务器，以及防止这些服务器在网络中启动或运行，从而提高了网络的安全性。

1. 授权 DHCP 服务器的原因

由于 DHCP 服务器为客户端自动分配 IP 地址均采用广播机制，且客户端在发送 DHCP Request 报文进行 IP 地址租用选择时，也只是简单地选择第一个收到的 DHCP Offer 报文，这意味着在整个 IP 地址租用过程中，网络中所有的 DHCP 服务器都是平等的。如果网络中的 DHCP 服务器都是正确配置的，则网络将能够正常运行。如果网络中出现了错误配置的 DHCP 服务器，则可能会引发网络故障。例如，错误配置的 DHCP 服务器可能会为客户端分配不正确的 IP 地址，导致该客户端无法进行正常的网络通信。如果网络中有两台 DHCP 服务器，其中一台是错误配置的 DHCP 服务器，则客户端将有 50%的可能性获得一个错误的 IP 地址参数，这意味着网络出现故障的可能性将高达 50%。为了解决这一问题，Windows Server 2019 引入了 DHCP 服务器的授权机制。通过授权机制，DHCP 服务器在服务于客户端之前，需要验证其是否已在 AD 中被授权。如果未被授权，则其不能为客户端分配 IP 地址。这样就避免了由于网络中出现错误配置的 DHCP 服务器而导致的大多数意外网络故障。

2. 对域中的 DHCP 服务器进行授权

如果 DHCP 服务器是域的成员，并在安装 DHCP 服务的过程中没有选择授权，那么在安装完成后就必须先进行授权，才能为客户端计算机提供 IP 地址，独立服务器不需要授权。授权过程如下。

（1）打开"服务器管理器"窗口，在左侧窗格中选择"DHCP"选项，在右侧窗格中将显示"SERVER-01 中的 DHCP 服务器所需的配置"选项，如图 6.4 所示，单击"更多"链接，打开"所有服务器 任务详细信息"窗口，如图 6.5 所示。

图 6.4 "SERVER-01 中的 DHCP 服务器所需的
配置"选项

图 6.5 "所有服务器 任务详细信息"窗口

（2）单击"完成 DHCP 配置"链接，打开"DHCP 安装后配置向导"窗口，如图 6.6 所示，单击"下一步"按钮，进入"授权"界面，如图 6.7 所示。

图 6.6 "DHCP 安装后配置向导"窗口

图 6.7 "授权"界面

（3）单击"使用以下用户凭据"单选按钮，选择默认用户名，单击"提交"按钮，进入"摘要"界面，如图 6.8 所示，单击"关闭"按钮，返回"DHCP"窗口，此时可以看到之前在"IPv4"或"IPv6"选项处显示的向下的红色箭头变为绿色对钩，如图 6.9 所示。

图 6.8 "摘要"界面

图 6.9 完成 DHCP 服务器授权

注意 （1）在工作组环境中，DHCP 服务器是独立的服务器，无须授权（也不能授权）也能向客户端提供 IP 地址。

（2）在域环境中，域控制器或域成员身份的 DHCP 服务器能够被授权，为客户端提供 IP 地址，没有被授权的 DHCP 服务器不能为客户端提供 IP 地址。

6.2.3　管理 DHCP 作用域

作用域是指可以为一个特定的子网中的客户端分配或租借的有效 IP 地址范围，管理员可以在 DHCP 服务器上配置作用域来确定分配或租借给 DHCP 客户端的 IP 地址范围。为了使客户端可以使用 DHCP 服务器上的动态 TCP/IP 配置信息，必须先在 DHCP 服务器上建立并激活作用域，可以根据网络环境的需要在一台 DHCP 服务器上建立多个作用域。每个子网只能创建一个对应作用域，每个作用域具有一个连续的 IP 地址范围，在作用域中可以排除一个特定的地址或一组地址。

1. 创建 DHCP 作用域

在 Windows Server 2019 中，作用域在"DHCP"窗口中创建，一台 DHCP 服务器可以创建多个不同的作用域，具体操作步骤如下。

（1）打开"服务器管理器"窗口，选择"DHCP"选项，打开"DHCP"窗口，选择"IPv4"选项并单击鼠标右键，在弹出的快捷菜单中选择"新建作用域"命令，如图 6.10 所示，弹出"新建作用域向导"对话框，如图 6.11所示。

V6-5　创建 DHCP
作用域

图 6.10　选择"新建作用域"命令

图 6.11　"新建作用域向导"对话框

（2）单击"下一步"按钮，进入"作用域名称"界面，如图 6.12 所示，输入作用域名称和描述信息，单击"下一步"按钮，进入"IP 地址范围"界面，如图 6.13 所示。

图 6.12 "作用域名称"界面

图 6.13 "IP 地址范围"界面

（3）输入此作用域分配的地址范围，单击"下一步"按钮，进入"添加排除和延迟"界面，如图 6.14 所示，输入排除起始 IP 地址和结束 IP 地址，单击"下一步"按钮，进入"租用期限"界面，如图 6.15 所示。

图 6.14 "添加排除和延迟"界面

图 6.15 "租用期限"界面

（4）设置租用期限，单击"下一步"按钮，进入"配置 DHCP 选项"界面，如图 6.16 所示，单击"是，我想现在配置这些选项"单选按钮，单击"下一步"按钮，进入"路由器（默认网关）"界面，如图 6.17 所示。

图 6.16 "配置 DHCP 选项"界面

图 6.17 "路由器（默认网关）"界面

（5）添加路由器（默认网关）IP地址，单击"下一步"按钮，进入"域名称和DNS服务器"界面，如图6.18所示，输入父域名称，添加服务器名称和IP地址，单击"下一步"按钮，进入"WINS服务器"界面，如图6.19所示。

（6）添加服务器名称和IP地址，单击"下一步"按钮，进入"激活作用域"界面，如图6.20所示，单击"是，我想现在激活此作用域"单选按钮，单击"下一步"按钮，进入"正在完成新建作用域向导"界面，如图6.21所示，单击"完成"按钮，返回"DHCP"窗口。

图6.18 "域名称和DNS服务器"界面

图6.19 "WINS服务器"界面

图6.20 "激活作用域"界面

图6.21 "正在完成新建作用域向导"界面

2. 创建多个IP作用域

可以在一台DHCP服务器上建立多个IP作用域，以便对多个子网内的DHCP客户端提供服务，创建多个IP作用域的拓扑结构图如图6.22所示。

（1）在DHCP服务器上创建两个作用域：一个用来提供IP地址作用域给左侧网络内的客户端，此网络的地址段为192.168.100.0/24；另一个用来提供IP地址作用域给右侧网络内的客户端，此网络的地址段为192.168.200.0/24。

（2）左侧网络内的客户端在向DHCP服务器租用IP地址时，DHCP服务器会选择192.168.100.0/24作用域的IP地址，而不是192.168.200.0/24作用域的IP地址。左侧网络内的客户端所发出的租用IP数据包是直接由DHCP服务器来接收的，因此数据包内的GIADDR（Gateway IP Address）字段中的路由器IP地址为0.0.0.0，当DHCP服务器发现此IP地址为

0.0.0.0 时，就知道是同一个网段（192.168.100.0/24）内的客户端租用 IP 地址，它会选择将 192.168.100.0/24 作用域中的 IP 地址分配给客户端。

图 6.22　创建多个 IP 作用域的拓扑结构图

（3）右侧网络内的客户端在向 DHCP 服务器租用 IP 地址时，DHCP 服务器会选择 192.168.200.0/24 作用域的 IP 地址，而不是 192.168.100.0/24 作用域的 IP 地址。右侧网络内的客户端所发出的租用 IP 数据包是通过路由器转发的，路由器会在这个数据包内的 GIADDR 字段中填入路由器的 IP 地址（192.168.200.2），因此 DHCP 服务器便可以通过此 IP 地址得知 DHCP 客户端位于 192.168.200.0/24 网段，并选择 192.168.200.0/24 作用域中的 IP 地址分配给客户端。

（4）创建作用域 pool-02（192.168.200.0/24），创建过程与作用域 pool-01（192.168.100.0/24）的创建过程类似，这里不赘述。创建结果如图 6.23 所示。

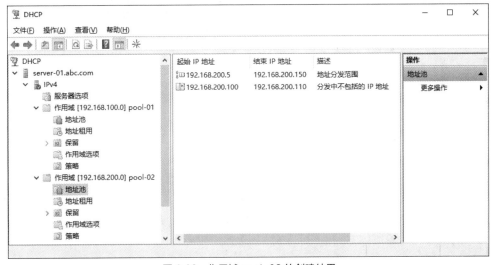

图 6.23　作用域 pool-02 的创建结果

3. 保留特定的 IP 地址

DHCP 地址保留是指分配一个永久的 IP 地址，这个 IP 地址属于一个作用域，并被永久保留给一个指定的 DHCP 客户端。

DHCP 地址保留的工作原理是将作用域中的某个 IP 地址与某个客户端的 MAC 地址进行绑定，使得拥有这个 MAC 地址的网络适配器每次都能获得相同的指定 IP 地址。

151

DHCP 地址保留具有与作用域一样的租期长度，因此，使用保留地址的客户端具有与作用域中其他客户端一样的租约续订过程。

下面以某公司销售部门为例，为销售部经理保留 IP 地址（192.168.100.88/24），使得销售部经理的计算机每次启动都可以获得这个保留的 IP 地址。

（1）查看销售部经理计算机的 MAC 地址。在"命令提示符"窗口中，使用 ipconfig /all 命令查看主机的 MAC 地址，如图 6.24 所示。

（2）打开"服务器管理器"窗口，选择"DHCP"选项，打开"DHCP"窗口，选择"IPv4"→"保留"选项并单击鼠标右键，弹出的快捷菜单如图 6.25 所示。

图 6.24　查看主机的 MAC 地址

图 6.25　"保留"选项的快捷菜单

（3）选择"新建保留"命令，弹出"新建保留"对话框，如图 6.26 所示，输入保留名称、IP 地址、MAC 地址以及描述等相应信息，在"支持的类型"选项组中单击"两者"单选按钮，单击"添加"按钮，返回"DHCP"窗口，完成保留特定 IP 地址的设置，如图 6.27 所示。

图 6.26　"新建保留"对话框

图 6.27　完成保留特定 IP 地址的设置

（4）查看销售部经理计算机的 IP 地址。在"命令提示符"窗口中，使用 ipconfig /all 命令查看主机的 IP 地址，大部分情况下，此时计算机的 IP 地址仍然是以前的 IP 地址。可以使用 ipconfig /release 命令释放现在的 IP 地址，使用 ipconfig /renew 命令更新 IP 地址。此时，查看销售部经理计算机的 IP 地址信息，如图 6.28 所示，可以看到销售部经理计算机的 IP 地址已经变为 192.168.100.88，以及子网掩码与默认网关等相关信息。

4. 配置 DHCP 选项

DHCP 选项是指 DHCP 服务器可以为 DHCP 客户端分配的除了 IP 地址和子网掩码以外的其他配置参数，如可以设置客户端登录的域名称、路由器、DNS 服务器、WINS 服务器、默认网关等。

配置 DHCP 选项能够提高客户端在网络中的功能。在租约生成的过程中，服务器为 DHCP 客户端提供 IP 地址和子网掩码，而 DHCP 选项可以为 DHCP 客户端提供更多的 IP 配置参数。由于目前大多数 DHCP 客户端不支持全部的 DHCP 选项，在实际应用中，通常只需要对一些常用的 DHCP 作用域选项进行配置。常用的 DHCP 配置选项如表 6.1 所示。

图 6.28　查看 IP 地址信息

表 6.1　常用的 DHCP 配置选项

选项代码	选项名称	描述
003	路由器	DHCP 客户端所在 IP 子网的默认网关的 IP 地址
006	DNS 服务器	DHCP 客户端解析 FQDN 时需要使用的首选和备用 DNS 服务器的 IP 地址
015	DNS 域名	指定 DHCP 客户端在解析只包含主机的不完整域名时应使用的默认域名
016	交换服务器	客户端的交换服务器 IP 地址
044	WINS 服务器	DHCP 客户端解析 NetBIOS 名称时需要使用的首选和备用 WINS 服务器的 IP 地址

DHCP 服务器支持 4 种级别的配置选项，分别是服务器级别选项、作用域级别选项、类级别选项和保留级别选项。如何应用这些 DHCP 选项，与配置这些选项的位置有直接关系。表 6.2 所示为 DHCP 配置选项及其优先顺序。

表 6.2　DHCP 配置选项及其优先顺序

选项名称	优先顺序
服务器级别选项	被分配给 DHCP 服务器的所有客户端
作用域级别选项	被分配给作用域的所有客户端
类级别选项	被分配给一个类中的所有客户端
保留级别选项	只分配给设置了 IP 地址保留的特定的 DHCP 客户端

从表 6.2 中可以看出，服务器级别选项的作用范围最大，保留级别选项的作用范围最小。如果在服务器级别选项和作用域级别选项上同时设置了某个选项参数，则最后 DHCP 客户端获取的参数将会是作用域级别选项参数，它们的优先级表示如下。

保留级别选项>类级别选项>作用域级别选项>服务器级别选项。

在服务器级别选项上设置 DNS 服务器的 IP 地址为 192.168.100.100，在作用域级别选项上设置 003 路由器的 IP 地址为 192.168.100.2，配置 DHCP 选项的具体过程如下。

（1）打开"DHCP"窗口，选择"server-01.abc.com"→"IPv4"→"服务器选项"选项并单击鼠标右键，在弹出的快捷菜单中选择"配置选项"命令，如图 6.29 所示，弹出"服务器选项"对话框，在"常规"选项卡中，勾选"006 DNS 服务器"复选框，输入服务器名称进行解析，或是直接输入 IP 地址进行添加，如图 6.30 所示。

图 6.29　选择"配置选项"命令

图 6.30　"服务器选项"对话框

（2）单击"确定"按钮，返回"DHCP"窗口，选择"作用域选项"选项并单击鼠标右键，在弹出的快捷菜单中选择"配置选项"命令，弹出"作用域选项"对话框，在"常规"选项卡中，勾选"003 路由器"复选框，输入服务器名称进行解析，或是直接输入 IP 地址进行添加，如图 6.31 所示，单击"确定"按钮，返回"DHCP"窗口，完成 DHCP 选项配置，如图 6.32 所示。

图 6.31　"作用域选项"对话框

图 6.32　完成 DHCP 选项配置

5. 配置 DHCP 类别选项

通过策略为特定的客户端计算机分配不同的 IP 地址与选项时，可以通过 DHCP 客户端所发送的供应商类别、用户类来区分客户端计算机。

（1）类别选项

可以根据操作系统厂商提供的供应商类别标识符来设置供应商类别选项。Windows Server 网络操作系统的 DHCP 服务器已具备识别 Windows 客户端的能力，并通过以下 4 个内置的供应商类别选项来设置客户端的 DHCP 选项。

① DHCP Standard Options：适用于所有的客户端。

② Microsoft Windows 2000：适用于 Windows 2000（含）后的客户端。

③ Microsoft Windows 98：适用于 Windows 98/ME 客户端。

④ Microsoft：适用于其他的 Windows 客户端。

可以为某些 DHCP 客户端计算机设置用户类标识符。例如，标识符为"IT"，当这些客户端向 DHCP 服务器租用 IP 地址时，会将这个类标识符一并发送给服务器，而服务器会依据此类别标识符来为客户端分配专用的选项设置。

（2）用户类实例操作

下面介绍如何通过用户类标识符来识别客户端计算机。例如，客户端 win10-user01 的用户类标识符为"IT"，当客户端向 DHCP 服务器租用 IP 地址时，会将标识符"IT"传递给服务器，希望服务器根据此标识符来分配客户端的 IP 地址，IP 地址范围为 192.168.100.140/24～192.168.100.150/24，且将客户端的 DNS 服务器的 IP 地址设置为 192.168.100.100。

① 打开"DHCP"窗口，选择"server-01.abc.com"→"IPv4"选项并单击鼠标右键，在弹出的快捷菜单中选择"定义用户类"命令，如图 6.33 所示，弹出"DHCP 用户类"对话框，如图 6.34 所示。

图 6.33 选择"定义用户类"命令

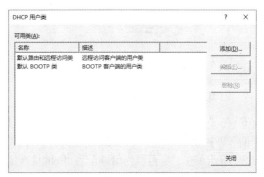

图 6.34 "DHCP 用户类"对话框

② 单击"添加"按钮，弹出"新建类"对话框，如图 6.35 所示，输入显示名称"研发部"，直接在"ASCII"处输入用户类标识符"IT"后，单击"确定"按钮，返回"DHCP"窗口。

③ 选择"server-01.abc.com"→"IPv4"→"作用域[192.168.100.0]pool-01"→"策略"选项并单击鼠标右键，在弹出的快捷菜单中选择"新建策略"命令，弹出"DHCP 策略配置向导"对话框，输入策略名称"test-IT"，如图 6.36 所示。

图 6.35 "新建类"对话框

图 6.36 "DHCP 策略配置向导"对话框

④ 单击"下一步"按钮，进入"为策略配置条件"界面，如图 6.37 所示，单击"添加"按钮，弹出"添加/编辑条件"对话框，如图 6.38 所示。

图 6.37 "为策略配置条件"界面

图 6.38 "添加/编辑条件"对话框

⑤ 在"条件"下拉列表中选择"用户类"选项，在"运算符"下拉列表中选择"等于"选项，在"值"下拉列表中选择"研发部"选项，单击"确定"按钮，进入"为策略配置设置"界面，如图 6.39 所示，在"是否要为策略配置 IP 地址范围"选项组中，单击"是"单选按钮，设置起始 IP 地址为 192.168.100.140、结束 IP 地址为 192.168.100.150，单击"确定"按钮，进入"为策略配置设置-供应商类"界面，勾选"006 DNS 服务器"复选框，输入服务器名称进行解析，或是直接输入 IP 地址进行添加，如图 6.40 所示。

图 6.39 "为策略配置设置"界面

图 6.40 "为策略配置设置-供应商类"界面

⑥ 单击"下一步"按钮，进入"摘要"界面，如图 6.41 所示，单击"完成"按钮，返回"DHCP"窗口，完成策略选项配置，如图 6.42 所示。

图 6.41　"摘要"界面

图 6.42　完成策略选项配置

（3）DHCP 客户端设置

例如，将客户端 win10-user01 的用户类标识符设置为"IT"，以管理员身份打开"命令提示符"窗口，利用 ipconfig /setclassid 命令来设置用户类标识符（类标识符区分字母大小写）。

可以使用以下 3 种方法来查看客户端的用户类标识符。

① 在桌面上选择"网络"图标并单击鼠标右键，在弹出的快捷菜单中选择"属性"→"网络和共享中心"→"更改适配器设置"命令，打开"网络连接"窗口。

② 以管理员身份打开"命令提示符"窗口，输入 control 命令，按"Enter"键，选择"网络和 Internet"→"网络和共享中心"→"查看网络状态和任务"→"更改适配器设置"选项，打开"网络连接"窗口，可以看到 win10-user01 客户端的用户类标识符为"Ethernet0 2"，如图 6.43 所示。

③ 以管理员身份打开"命令提示符"窗口，输入 ipconfig /renew 命令，可以看到 win10-user01 客户端的用户类标识符为"Ethernet0 2"。

图 6.43　客户端的用户类标识符

使用 ipconfig /setclassid "Ethernet0 2" IT 命令来设置本地用户类标识符，命令执行结果如图 6.44 所示。使用 ipconfig /all 命令可以查看本地 IP 地址信息，可以看到客户端获得的 IP 地址为 192.168.100.140，DNS 服务器的 IP 地址为 192.168.100.100，如图 6.45 所示，所得到的 IP 地址是在所设置的 IP 地址范围之内的。可以在客户端上使用 ipconfig /setclassid "Ethernet0 2" 命令来删除用户类标识符。

图 6.44　设置本地用户类标识符

图 6.45　查看本地 IP 地址信息

6. DHCP 客户端的配置与测试

DHCP 客户端的 IP 地址支持手动和自动两种设置方式。使用 DHCP 就是为了免除手动设置的大量重复工作和避免在设置中可能出现的差错。

当选择自动获取 DHCP 客户端 IP 地址时，可以同时为该客户端设置一个备用配置，当 DHCP 客户端从一个子网移动到另外一个没有 DHCP 服务器的子网时，DHCP 客户端将无法获得 IP 地址，此时备用配置将生效。

DHCP 客户端可以在租用的任何时刻向 DHCP 服务器发送 DHCP Release 报文来释放它已有的 IP 地址配置信息，并可通过 DHCP Renew 报文来重新获得 IP 地址配置信息。

如果客户端无法向服务器租用 IP 地址，则在没有设置备用配置时，客户端每隔 5 分钟自动搜索 DHCP 服务器租用 IP 地址，在未租到 IP 地址之前，客户端默认配置一个 169.254.0.0/16 网段格式的 IP 地址。

在 Windows 中配置 DHCP 客户端非常简单，操作步骤如下。

（1）在桌面上选择"网络"图标并单击鼠标右键，在弹出的快捷菜单中选择"属性"→"网络和共享中心"→"更改适配器设置"命令，打开"网络连接"窗口，选择"Ethernet0 2"图标并双击，弹出"Ethernet0 2 状态"对话框，如图 6.46 所示，单击"属性"按钮，弹出"Ethernet0 2 属性"对话框，双击"Internet 协议版本 4（TCP/IPv4）"复选框，弹出"Internet 协议版本 4（TCP/IPv4）属性"对话框，单击"自动获得 IP 地址"和"自动获得 DNS 服务器地址"单选按钮，如图 6.47 所示。

图 6.46　"Ethernet0 2 状态"对话框

图 6.47　"Internet 协议版本 4（TCP/IPv4）属性"对话框

（2）选择"备用配置"选项卡，单击"用户配置"单选按钮，输入相关地址信息，如图 6.48 所示，单击"确定"按钮，返回"Ethernet0 2 状态"对话框，单击"详细信息"按钮，弹出"网络连接详细信息"对话框，如图 6.49 所示，可以查看网络连接详细信息。

图 6.48 "备用配置"选项卡

图 6.49 "网络连接详细信息"对话框

6.2.4 配置 DHCP 中继代理

如果 DHCP 服务器与 DHCP 客户端分别位于不同的网段，而 DHCP 消息以广播为主，而连接这两个网段的路由并不会广播消息到不同的网段，因此限制了 DHCP 的有效使用范围。可以使用两种方法来解决此问题：一种方法是在每一个网段内都安装一台 DHCP 服务器，它们各自为所属网段内的客户端提供服务；另一种方法是在没有 DHCP 服务器的网段内将一台 Windows 服务器设置为 DHCP 中继代理，因为它具备将 DHCP 消息直接转发给 DHCP 服务器的功能。

1．项目规划

部署 DHCP 服务器中继代理的网络拓扑结构图如图 6.50 所示。

图 6.50 部署 DHCP 服务器中继代理的网络拓扑结构图

WG-01 负责 DHCP 服务器的中继代理，同时代替路由器实现网络间的路由功能。DHCP 服务器和 WG-01 的网卡 1（对应的 IP 地址为 192.168.100.100/24）的虚拟机网络连接模式使用自定义网络的 VMnet8，客户端 win10-user01、win10-user02 和 WG-01 的网卡 2（对应的 IP 地址为 192.168.200.100/24）的虚拟机网络连接模式使用自定义网络的 VMnet1。

> **提示** 在 VMware 虚拟机中自定义网络的子网可以通过选择虚拟机的"编辑"→"虚拟机网络编辑器"→"添加网络"选项实现。

2. 在 DHCP 服务器上新建两个作用域

以管理员身份登录计算机 server-01，打开"DHCP"窗口，新建两个作用域 pool-01 和 pool-02。作用域 pool-01 的范围为 192.168.100.5～192.168.100.150，作用域选项为"003 路由器"，对应的 IP 地址为 192.168.100.100；作用域 pool-02 的范围为 192.168.200.5～192.168.200.150，作用域选项为"003 路由器"，对应的 IP 地址为 192.168.200.100。设置完成后，可以自行测试，保证 DHCP 服务成功配置。

3. 在 WG-01 上安装路由和远程访问

需要在 WG-01 上安装远程访问角色，通过其提供的路由和远程访问服务来设置 DHCP 中继代理，WG-01 是双网卡，如图 6.51 所示。

图 6.51　WG-01 的双网卡

> **提示** 在 VMware 虚拟机中添加网络适配器（即网卡）可以通过选择虚拟机的"虚拟机"→"设置"→"虚拟机设置"→"添加"→"网络适配器"选项实现。

（1）打开"服务器管理器"窗口，选择"管理"→"添加角色和功能"命令，在打开的"添加角色和功能向导"窗口中，持续单击"下一步"按钮，直到进入"选择服务器角色"界面，勾选"远程访问"复选框，如图 6.52 所示，持续单击"下一步"按钮，直到进入"选择角色服务"界面，勾选"DirectAccess 和 VPN（RAS）"和"路由"复选框，如图 6.53 所示。

图 6.52　"选择服务器角色"界面

图 6.53　"选择角色服务"界面

（2）打开"服务器管理器"窗口，选择"工具"→"路由和远程访问"命令，打开"路由和远程访问"窗口，选择"路由和远程访问"→"SERVER-01（本地）"选项并单击鼠标右键，弹出的快捷菜单如图 6.54 所示，选择"配置并启用路由和远程访问"命令，弹出"路由和远程访问服务器安装向导"对话框，如图 6.55 所示。

图 6.54　快捷菜单

图 6.55　"路由和远程访问服务器安装向导"对话框

（3）单击"下一步"按钮，进入"配置"界面，如图 6.56 所示，单击"自定义配置"单选按钮，单击"下一步"按钮，进入"自定义配置"界面，勾选"LAN 路由"复选框，如图 6.57 所示。

图 6.56　"配置"界面

图 6.57　"自定义配置"界面

（4）单击"下一步"按钮，进入"正在完成路由和远程访问服务器安装向导"界面，如图 6.58 所示，单击"下一步"按钮，弹出"路由和远程访问"对话框，单击"启动服务"按钮，如图 6.59 所示，完成路由和远程访问服务，返回"路由和远程访问"窗口。

图 6.58　"正在完成路由和远程访问服务器安装向导"界面

图 6.59　"路由和远程访问"对话框

4. 在 WG-01 上设置中继代理

在 WG-01 上设置中继代理的具体操作步骤如下。

（1）在"路由和远程访问"窗口中，选择"路由和远程访问"→"SERVER-01（本地）"→"IPv4"→"常规"选项并单击鼠标右键，弹出快捷菜单，如图 6.60 所示，选择"新增路由协议"命令，弹出"新路由协议"对话框，如图 6.61 所示。

图 6.60 "常规"选项快捷菜单

图 6.61 "新路由协议"对话框

（2）选择"DHCP Relay Agent"选项，单击"确定"按钮，返回"路由和远程访问"窗口，选择"DHCP 中继代理"选项并单击鼠标右键，在弹出的快捷菜单中选择"属性"命令，如图 6.62 所示，弹出"DHCP 中继代理 属性"对话框，如图 6.63 所示。

图 6.62 选择"属性"命令

图 6.63 "DHCP 中继代理 属性"对话框

（3）添加服务器地址，单击"确定"按钮，返回"路由和远程访问"窗口，选择"DHCP 中继代理"选项并单击鼠标右键，在弹出的快捷菜单中选择"新增接口"命令，弹出"DHCP Relay Agent 的新接口"对话框，如图 6.64 所示，选择"Ethernet1"选项，单击"确定"按钮，弹出"DHCP 中继属性-Ethernet1 属性"对话框，勾选"中继 DHCP 数据包"复选框，输入跃点计数阈值和启动阈值，如图 6.65 所示。

图 6.64 "DHCP Relay Agent 的新接口"对话框　　图 6.65 "DHCP 中继属性–Ethernet1 属性"对话框

（4）单击"确定"按钮，返回"路由和远程访问"窗口，完成 DHCP 中继代理新增接口的配置，如图 6.66 所示。

（5）配置完成后，在客户端 win10-user01 上进行测试。在"命令提示符"窗口中，输入 ipconfig /renew 命令，查看当前 DHCP 客户端的 IP 地址分配情况，如图 6.67 所示。

图 6.66 完成 DHCP 中继代理新增接口的配置　　图 6.67 当前 DHCP 客户端的 IP 地址分配情况

> **提示** 实验中 WG-01 由 Windows Server 2019 来代替，需要满足以下两个条件。
> ① 安装"路由和远程访问"服务，并启用路由。
> ② WG-01 必须和 DHCP 服务器集成到一台 Windows Server 2019 上。因为 Windows Server 2019 无法替代路由器转发 DHCP 广播报文，除非在 WG-01 上部署 DHCP 中继代理。
> 为了使实验测试成功，需要在服务器与客户端上关闭防火墙功能（系统自带防火墙与单独安装的防火墙都需要关闭），同时关闭虚拟机中所有启用的 DHCP 功能。

6.2.5　配置 DHCP 超级作用域

超级作用域是 Windows Server 2019 的 DHCP 服务器的一种管理功能。当 DHCP 服务器上有多个作用域时，就可组成超级作用域，其作为单个实体来管理。超级作用域常用于多网配置。多网是指在同一个物理网段中使用两个或多个 DHCP 服务器以管理分离的逻辑 IP 网络。在多网配置中，可以使用 DHCP 超级作用域来组合多个使用域，为网络中的客户端提供来自多个作用域的租约。

在 WG-01 上安装路由和远程访问服务，在 DHCP 服务器上新建作用域 pool-01、pool-02，并新建超级作用域。

（1）打开"服务器管理器"窗口，选择"工具"→"DHCP"命令，打开"DHCP"窗口，选择"server-01.abc.com"→"IPv4"选项并单击鼠标右键，弹出快捷菜单，如图 6.68 所示，选择"新建超级作用域"命令，弹出"新建超级作用域向导"对话框，如图 6.69 所示。

图 6.68 "IPv4"选项快捷菜单   图 6.69 "新建超级作用域向导"对话框

（2）单击"下一步"按钮，进入"超级作用域名"界面，如图 6.70 所示，输入名称 pool-100，单击"下一步"按钮，进入"选择作用域"界面，如图 6.71 所示。

图 6.70 "超级作用域名"界面   图 6.71 "选择作用域"界面

（3）选择可用作用域，单击"下一步"按钮，进入"正在完成新建超级作用域向导"界面，如图 6.72 所示，单击"完成"按钮，返回"DHCP"窗口，创建完成的超级作用域 pool-100 如图 6.73 所示。

图 6.72 "正在完成新建超级作用域向导"界面

图 6.73 创建完成的超级作用域 pool-100

> **提示** 超级作用域只是一个简单的容器，删除超级作用域时并不会删除其中的子作用域。

6.2.6 DHCP 数据库的备份和还原

DHCP 服务器的数据库文件存储着 DHCP 服务的配置数据，包括 IP 地址、作用域、租约地址、保留地址和配置选项等相关信息，系统默认将其保存在%Systemroot%\System32\dhcp 文件夹中（%Systemroot%是代表系统目录的环境变量，一般情况下，如果系统默认安装在 C 盘下，则其代表"C:\Windows"目录），如图 6.74 所示，其中最重要的文件是 dhcp.mdb，其他的是辅助文件。DHCP 服务器默认每隔 60 分钟自动将 DHCP 数据库文件备份到 backup 文件夹下，也可以手动将 DHCP 数据库文件备份到指定的文件夹下。

某公司需要将原来的 DHCP 服务器的数据库转移到另外一台新的 DHCP 服务器中，使用新的 DHCP 服务器接替原来的 DHCP 服务器工作。可以对原来的 DHCP 服务器中的数据库进行备份，将备份文件存放在一个安全的位置，并在新的 DHCP 服务器中安装 DHCP 服务，将原来的 DHCP 服务器的数据库备份复制到新的 DHCP 服务器中，或将新的 DHCP 服务器直接与第三方存储设备连接。

打开"服务器管理器"窗口，选择"工具"→"DHCP"命令，打开"DHCP"窗口，选择"server-01.abc.com"选项并单击鼠标右键，在弹出的快捷菜单中选择"备份"或"还原"命令，以进行相应的操作，如图 6.75 所示。

图 6.74 DHCP 服务器的数据库文件

图 6.75 DHCP 数据库的"备份"或"还原"命令

165

///// **课后实训**

　　某公司以前的局域网规模很小，能以手动的方式配置 IP 地址，而随着业务的发展，公司计算机台数增多，管理员在工作中发现存在以下问题。

　　（1）手动为客户端配置 IP 地址的工作量很大。

　　（2）经常出现 IP 地址冲突的情况。

　　请根据公司的实际情况，配置 DHCP 服务器为客户端分配 IP 地址；在服务器出现宕机或故障时，快速恢复 DHCP 服务并保留原有配置信息。

///// **本章小结**

　　本章包含两节。

　　6.1　DHCP 基础知识，主要讲解 DHCP 是什么、DHCP 的工作原理以及 DHCP 地址分配类型等相关理论知识。

　　6.2　技能实践，主要讲解安装 DHCP 服务器角色；授权 DHCP 服务器，包括授权 DHCP 服务器的原因、对域中的 DHCP 服务器进行授权；管理 DHCP 作用域，包括创建 DHCP 作用域、创建多个 IP 作用域、保留特定的 IP 地址、配置 DHCP 选项、配置 DHCP 类别选项、DHCP 客户端的配置与测试；配置 DHCP 中继代理，包括项目规划、在 DHCP 服务器上新建两个作用域、在 WG-01 上安装路由和远程访问、在 WG-01 上设置中继代理；配置 DHCP 超级作用域以及 DHCP 数据库的备份和还原等相关知识技能。

///// **课后习题**

1. 填空题

　　（1）DHCP 采用了客户端/服务器模式，使用 UDP 传输，从 DHCP 客户端到达 DHCP 服务器的报文使用目的端口（　　），从 DHCP 服务器到达 DHCP 客户端的报文使用源端口（　　）。

　　（2）在 Windows Server 2019 中，查看 IP 地址配置使用（　　）命令，释放 IP 地址使用（　　）命令，重新获得 IP 地址使用（　　）命令。

　　（3）当 DHCP 服务器上有多个作用域时可组成（　　），将其作为单个实体来管理。

　　（4）DHCP 服务器默认每隔（　　）分钟自动将 DHCP 数据库文件备份到（　　）文件夹中，其中最重要的文件是（　　）。

2. 选择题

　　（1）【单选】DHCP 选项的设置中，不可以设置的是（　　）。

　　　　A. DNS 域名　　　B. DNS 服务器　　　C. 路由器　　　　　D. 计算机名

　　（2）【单选】下列（　　）命令用来释放网络适配器的 IP 地址。

　　　　A. ipconfig /all　　　　　　　　　　B. ipconfig /release

　　　　C. ipconfig /renew　　　　　　　　　D. ipconfig /setclassid

3. 简答题

　　（1）简述 DHCP 的工作原理。

　　（2）简述 DHCP 地址分配类型。

　　（3）简述保留特定的 IP 地址的作用。

第7章
Web与FTP服务器配置管理

本章主要讲解Web与FTP服务器基础知识和技能实践，包括Web服务器概述、FTP服务器概述、安装Web与FTP服务器角色、创建Web网站、创建多个Web网站、管理Web网站虚拟目录、创建和管理FTP站点、创建FTP虚拟目录、创建FTP虚拟主机、在AD环境下实现FTP多用户隔离等相关内容。

【知识目标】

- 理解Web服务器的基础知识。
- 理解FTP服务器的基础知识。

【能力目标】

- 掌握安装Web与FTP服务器角色、创建Web网站、创建多个Web网站、管理Web网站虚拟目录的方法。
- 掌握创建和管理FTP站点、创建FTP虚拟目录、创建FTP虚拟主机、在AD环境下实现FTP多用户隔离的方法。

【素养目标】

- 培养自我学习的能力和习惯。
- 树立团队互助、进取合作的意识。

7.1 Web 与 FTP 服务器基础知识

IIS 提供了基本服务，包括发布信息、传输文件、支持用户通信和更新这些服务所依赖的数据存储。

7.1.1 Web 服务器概述

随着互联网的不断发展和普及，Web 服务早已成为人们日常生活中必不可少的组成部分，只要在浏览器的地址栏中输入一个网址，即可进入网络世界，获得海量资源。Web 服务已经成为人们工作、学习、娱乐和社交等活动的重要工具，对于绝大多数的普通用户而言，万维网（World Wide Web，WWW）几乎就是 Web 服务的代名词。Web 服务提供的资源多种多样，可以是简单的文本，也可以是图片、音频和视频等多媒体数据。如今，随着移动网络的迅猛发展，智能手机逐渐成为人们访问 Web 服务的入口，不管是使用计算机还是使用智能手机，Web 服务的基本原理都是相同的。

1. Web 服务的工作原理

V7-1　Web 服务器概述

WWW 是互联网中被广泛应用的一种信息服务技术，采用的是客户端/服务器模式。WWW 整理和存储各种 WWW 资源，并响应客户端软件的请求，把所需要的信息资源通过浏览器传送给用户。

Web 服务通常可以分为两种：静态服务和动态服务。Web 服务运行于传输控制协议（Transmission Control Protocol，TCP）之上，每个网站都对应一台（或多台）Web 服务器，服务器中有各种资源，客户端就是用户面前的浏览器。Web 服务的工作原理并不复杂，一般可分为 4 个过程，即连接过程、请求过程、应答过程及关闭连接。

连接过程：浏览器和 Web 服务器之间建立 TCP 连接的过程。

请求过程：浏览器向 Web 服务器发出资源查询请求，在浏览器中输入的统一资源定位符（Uniform Resource Locator，URL）表示资源在 Web 服务器中的具体位置。

应答过程：Web 服务器根据 URL 把相应的资源返回给浏览器，浏览器以网页的形式把资源展示给用户。

关闭连接：在应答过程完成之后，浏览器和 Web 服务器之间断开连接的过程。

浏览器和 Web 服务器之间的一次交互也被称为一次"会话"。

2. 超文本传输协议

超文本传输协议（Hyper Text Transfer Protocol，HTTP）是互联网的一个重要组成部分，而 Apache、IIS 服务器是 HTTP 的服务器软件，微软公司的 Edge 和 Mozilla 的 Firefox 则是 HTTP 的客户端实现。

3. 简单邮件传输协议

简单邮件传输协议（Simple Mail Transfer Protocol，SMTP）是一组用于从源地址到目的地址传输邮件的规范，通过它来控制邮件的中转方式。通过 SMTP 服务，IIS 能够发送和接收电子邮件。例如，为确认用户提交表格是否成功，可以对服务器编程以自动发送邮件来响应事件，也可以使用 SMTP 服务接收来自网站客户反馈的消息。

7.1.2　FTP 服务器概述

一般来讲，人们将计算机联网的首要目的就是获取资料，而文件传输是一种非常重要的获取资料的方式。今天的互联网是由海量 PC、工作站、服务器、小型机、大型机、巨型机等不同型号、不同架构的物理设备共同组成的，即便是 PC，也可能会装有 Windows、Linux、UNIX、macOS 等不同的操作系统。为了能够在如此复杂多样的设备之间解决文件传输问题，文件传输协议（File Transfer Protocol，FTP）应运而生。

1. FTP 简介

V7-2　FTP 服务器概述

FTP 是一种在互联网中进行文件传输的协议，基于客户端/服务器模式，默认使用端口 20、21，其中，端口 20（数据端口）用于进行数据传输，端口 21（命令端口）用于接收客户端发出的 FTP 相关命令与参数。FTP 服务器普遍部署于内网中，具有容易搭建、方便管理的特点。有些 FTP 客户端工具支持文件的多点下载及断点续传技术，因此 FTP 服务得到了广大用户的青睐。FTP 的优点是小巧轻便、安全易用、稳定高效、可伸缩性好、可限制带宽、可创建虚拟用户、支持 IPv6、传输速率高，可满足企业跨部门、多用户的使用需求等。

FTP 服务器是遵循 FTP 在互联网中提供文件存储和访问服务的主机；FTP 客户端则是向服务器发送连接请求，以建立数据传输链路的主机。FTP 有以下两种工作模式。

主动模式：FTP 服务器主动向客户端发起连接请求。

被动模式：FTP 服务器等待客户端发起连接请求（这是 FTP 的默认工作模式）。

2. FTP 的工作原理

FTP 的目标是提高文件的共享性，提供非直接使用的远程计算机，使存储介质对用户透明、可靠，能高效地传送数据，它能操作任何类型的文件而不需要进一步处理。但是，FTP 有着极高的时延，从开始请求到第一次接收需求数据之间的时间非常长，且必须完成一些冗长的登录过程。

FTP 是基于客户端/服务器模式设计的，其在客户端与 FTP 服务器之间建立了两条连接。在开发任何基于 FTP 的客户端软件时，都必须遵循 FTP 的工作原理。FTP 的独特优势是它在两台通信的主机之间使用了两条 TCP 连接：一条是数据连接，用于传送数据；另一条是控制连接，用于传送控制信息（命令和响应）。这种将命令和数据分开传送的思想大大提高了 FTP 的效率，而其他客户端/服务器应用程序一般只有一条 TCP 连接。

FTP 大大简化了文件传输的复杂性，它能使文件通过网络从一台计算机传送到另外一台计算机上而不受计算机和操作系统类型的限制，无论是 PC、服务器、大型机，还是 macOS、Linux、Windows，只要双方都支持 FTP，就可以方便、可靠地进行文件的传输。

FTP 服务器的具体工作流程如下。

（1）客户端向服务器发出连接请求，同时客户端动态地打开一个大于 1024 的端口（如 3012 端口）等候服务器连接。

（2）若 FTP 服务器在其 21 端口监听到该请求，则会在客户端的 3012 端口和服务器的 21 端口之间建立一个 FTP 连接。

（3）当需要传输数据时，FTP 客户端动态地打开一个大于 1024 的端口（如 3013 端口）连接到服务器的 20 端口，并在这两个端口之间进行数据的传输，当数据传输完毕后，这两个端口会自动关闭。

（4）当 FTP 客户端断开与 FTP 服务器的连接时，客户端会自动释放分配的端口。

7.2 技能实践

目前大部分公司都有自己的网站，用来实现信息发布、资料查询、数据处理、网络办公、远程教育和视频点播等功能，还可以用来实现电子邮件服务。搭建网站需要 Web 服务来实现，而在小型网络中使用最多的网络操作系统是 Windows Server，因此微软公司的 IIS 提供的 Web 服务和 FTP 服务也成为使用最为广泛的服务。

7.2.1 安装 Web 与 FTP 服务器角色

安装 Web 与 FTP 服务器角色的具体步骤如下。

（1）打开"服务器管理器"窗口，选择"管理"→"添加角色和功能"命令，在打开的"添加角色和功能向导"窗口中，持续单击"下一步"按钮，直到进入"选择服务器角色"界面，勾选"Web 服务器（IIS）"复选框，弹出"添加角色和功能向导"对话框，如图 7.1 所示，单击"添加功能"按钮，返回"选择服务器角色"界面，持续单击"下一步"按钮，直到进入"选择角色服务"界面，勾选全部有关"安全性"的复选框，并勾选"FTP 服务器"复选框，如图 7.2 所示。

图 7.1　添加角色和功能向导

图 7.2　"选择角色服务"界面

（2）持续单击"下一步"按钮，最后单击"安装"按钮，开始安装 Web 与 FTP 服务器角色，安装完成的界面如图 7.3 所示。安装完毕后，单击"关闭"按钮，完成 Web 与 FTP 服务器角色的安装。打开"服务器管理器"窗口，选择"工具"→"Internet Information Services（IIS）管理器"命令，打开"Internet Information Services（IIS）管理器"窗口，在此可以配置和管理 Web 与 FTP 服务器，如图 7.4 所示。

图 7.3　安装完成的界面

图 7.4　"Internet Information Services（IIS）管理器"窗口

（3）安装 IIS 以后，测试 Web 服务器是否正常工作。以客户端 win10-user01 为例进行测试，在浏览器中可以使用以下 3 种地址格式进行测试。

① IP 地址：http://192.168.100.100/，如图 7.5 所示。

② DNS 域名地址：http://DNS1.abc.com，如图 7.6 所示。

③ 计算机名：http://DNS1/。

图 7.5　以 IP 地址方式测试

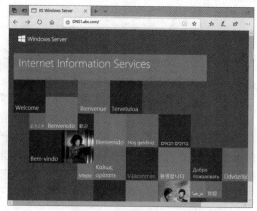

图 7.6　以 DNS 域名地址方式测试

7.2.2　创建 Web 网站

HTML 是一种用于创建网页的标准标记语言。Web 网站也称为网站（Website），是指在 Internet 中根据一定的规则，使用 HTML 等语言开发制作的用于展示特定的相关资源的集合，这些资源可能包括各种文本、图片、视频、音频、脚本程序、程序接口、数据库等信息。

在使用浏览器浏览 Web 网站时，用户在浏览器的地址栏中输入的网站地址即 URL。就像每个人都有唯一的身份证号码一样，每个 Web 资源也都有唯一的 URL。使用 URL 可以将整个 Internet 中的资源用统一的格式来定位。URL 的一般格式如下。

http://主机名:端口号/路径/文件名

例如，http://www.lncc.edu.cn/web/login.html 这个 URL 表示在"www.lncc.edu.cn"这台 Web 服务器的网站主目录的"web"子目录下的网页文件"login.html"。

1. 项目规划

部署 Web 服务器的网络拓扑结构图如图 7.7 所示。

图 7.7　部署 Web 服务器的网络拓扑结构图

在部署 Web 服务器之前需完成如下配置。

（1）在服务器 server-01 上部署域环境，域名为 abc.com。

（2）设置 DNS 服务器的 TCP/IP 属性，如设置其 IP 地址、子网掩码、默认网关和 DNS 服务器的 IP 地址等相关信息。

（3）设置 Windows 10 客户端主机的 TCP/IP 属性，如设置其 IP 地址、子网掩码、默认网关和 DNS 服务器的 IP 地址等相关信息。

2. 管理和创建 Web 网站

打开"服务器管理器"窗口，选择"工具"→"Internet Information Services（IIS）管理器"命令，打开"Internet Information Services（IIS）管理器"窗口，选择"SERVER-01(ABC\Administrator)"→"网站"→"Default Web Site"选项并单击鼠标右键，在弹出的快捷菜单中选择"管理网站"→"启动"或"停止"命令，可以对默认网站（Default Web Site）进行启动和停止等相关操作，如图 7.8 所示。

管理和创建 Web 网站的具体操作步骤如下。

（1）准备 Web 网站内容。在 D 盘中创建文件夹"D:\web"作为网站的主目录，并在该文件夹中存放网页 index.html 作为网站的首页，网页内容为"welcome to here!"。网站首页文件可以使用记事本或 Dreamweaver 等软件进行编写。

图 7.8　管理默认网站（Default Web Site）

　　（2）创建 Web 网站。打开"Internet Information Services（IIS）管理器"窗口，选择"网站"选项并单击鼠标右键，在弹出的快捷菜单中选择"添加网站"命令，弹出"添加网站"对话框，如图 7.9 所示。输入网站名称，选择物理路径，绑定 IP 地址与端口，单击"确定"按钮，返回"Internet Information Services(IIS)管理器"窗口，可以看到新创建的 Web 网站 web-test01，如图 7.10 所示。

图 7.9　"添加网站"对话框

图 7.10　新创建的 Web 网站 web-test01

　　（3）测试 Web 网站 web-test01。在客户端 win10-user01 上打开浏览器，在其地址栏中输入 http://192.168.100.100 或 http://dns1.abc.com 均可访问刚才创建的网站 web-test01，如图 7.11 所示。

图 7.11　测试 Web 网站 web-test01

（4）设置默认文档。默认文档是指在浏览器中输入 Web 网站的 IP 地址或域名即显示出来的 Web 页面，也就是通常所说的首页（Home Page）。Windows Server 2019 中的 IIS 10.0 的默认文档有 5 种，分别为 Default.htm、Default.asp、index.htm、index.html 和 iisstart.htm。默认文档的文件名也是一般网站中常用的主页名。默认文档既可以是一个，也可以是多个。当设置多个默认文档时，IIS 将按照排列的先后顺序依次调用这些文档。当第一个文档存在时，将直接把它显示在用户的浏览器上，而不再调用后面的文档；当第一个文档不存在时，会将第二个文档显示给用户，以此类推。

打开"Internet Information Services（IIS）管理器"窗口，在左侧窗格中选择"网站"→ "web-test01"选项，在中间窗格中选择"默认文档"图标，显示网站 web-test01 的默认文档，如图 7.12 所示，在右侧窗格中可以通过选择"上移"或"下移"选项来调整默认文档的顺序。

如果 Web 网站无法找到这 5 个文档中的任何一个文档，例如，将"D:\web\index.html"更改为"D:\web\index01.html"，此时用户再在客户端上访问 Web 网站时，将在 Web 浏览器上显示"服务器错误"信息提示，如图 7.13 所示。

图 7.12　web-test01 的默认文档

图 7.13　"服务器错误"信息提示

提示　使用域名访问 Web 网站时，必须正确配置 DNS 服务器，正确创建主机记录或别名记录等相关内容；在测试时，建议暂时关闭服务器与客户端上的所有的软/硬件防火墙。

7.2.3　创建多个 Web 网站

使用 IIS 10.0 的虚拟机技术，通过分配 TCP 端口、IP 地址和主机头，可以在一台服务器上建立多个虚拟 Web 网站。每个网站都具有由端口号、IP 地址和主机头 3 部分组成的唯一的网站标识，用来接收来自客户端的请求。不同的 Web 网站可以提供不同的 Web 服务，且每一个虚拟主机都和一台独立的主机完全一样。这样的方式适用于企业或组织需要创建多个网站的情况，可以节省成本。架设多个 Web 网站可以通过以下 3 种方式实现。

（1）使用不同端口架设多个 Web 网站。

（2）使用不同主机头架设多个 Web 网站。

（3）使用不同 IP 地址架设多个 Web 网站。

在架设一个 Web 网站时，要根据企业本身现有的条件，如投资的多少、IP 地址的多少、网站性能的要求等，选择不同的虚拟机技术。

1. 使用不同端口架设多个 Web 网站

如果要在 Web 服务器上架设多个 Web 网站，但计算机只有一个 IP 地址时，通过利用这一个 IP 地址，再使用不同的端口号也可以达到架设多个 Web 网站的目的。其实，用户访问所有的网站都需要使用相应的 TCP 端口，只不过 Web 服务器默认的 TCP 端口为 80，在用户访问时不需要输入。如果网站的 TCP 端口不为 80，则在输入网址时必须添加相应端口号。利用 Web 服务的这个特点，可以架设多个 Web 网站，每个网站均使用不同的端口号。使用这种方式创建的网站，其域名或 IP 地址部分完全相同，仅端口号不同。用户使用网址访问网站时，必须加上相应的端口号。

在同一台 Web 服务器上使用同一个 IP 地址、两个不同的端口号（80、8080）创建两个网站，具体操作步骤如下。

（1）准备 Web 网站内容。在 D 盘中创建文件夹"D:\web02"作为网站的主目录，并在该文件夹中存放网页 index.html 作为网站的首页，网页内容为"hello everyone!"。

（2）以域管理员账户登录 Web 服务器，打开"Internet Information Services（IIS）管理器"窗口，选择"网站"选项并单击鼠标右键，在弹出的快捷菜单中选择"添加网站"命令，弹出"添加网站"对话框，创建第 2 个 Web 网站，网站名称为 web-test02，其物理路径为 D:\web02，IP 地址为 192.168.100.100，端口号为 8080，如图 7.14 所示。单击"确定"按钮，返回"Internet Information Services（IIS）管理器"窗口，Web 网站 web-test02 创建完成，如图 7.15 所示。

图 7.14 "添加网站"对话框

图 7.15 Web 网站 web-test02 创建完成

（3）在客户端上访问这两个网站。在客户端 win10-user01 上打开 IE 浏览器，分别输入 http://192.168.100.100 和 http://192.168.100.100:8080，这时会发现打开了两个不同的网站 web-test01 和 web-test02。

2. 使用不同主机头架设多个 Web 网站

使用 www.abc.com 访问第 1 个 Web 网站 web-test01；使用 www1.abc.com 访问第 2 个 Web 网站 web-test02，具体操作步骤如下。

（1）以域管理员账户登录 Web 服务器，打开"Internet Information Services（IIS）管理器"窗口，选择"网站"→"web-test01"选项并单击鼠标右键，在弹出的快捷菜单中选择"编辑绑定"命令，弹出"编辑网站绑定"对话框，输入 IP 地址 192.168.100.100、端口 80、主机名 www.abc.com，如图 7.16 所示。单击"确定"按钮，返回"Internet Information Services（IIS）管理器"窗口，选择"网站"→"web-test02"选项并单击鼠标右键，在弹出的快捷菜单中选择"编辑绑定"命令，弹出"编辑网站绑定"对话框，输入 IP 地址 192.168.100.100、端口 80、主机名 www1.abc.com，如图 7.17 所示。

图 7.16　设置第 1 个 Web 网站的主机名

图 7.17　设置第 2 个 Web 网站的主机名

（2）打开"DNS 管理器"窗口，选择"DNS"→"SERVER-01"→"正向查找区域"→"abc.com"选项并单击鼠标右键，在弹出的快捷菜单中选择"新建别名"命令，弹出"新建资源记录"对话框，在"别名（如果为空则使用文域）"文本框中输入 www1，在"目标主机的完全合格的域名（FQDN）"文本框中输入 DNS1.abc.com，单击"确定"按钮，别名创建完成，DNS 配置完成窗口如图 7.18 所示。

（3）在客户端上访问这两个网站。在客户端 win10-user01 上打开 IE 浏览器，分别输入 http://www.abc.com 和 http://www1.abc.com，这时会发现打开了两个不同的网站 web-test01 和 web-test02，访问网站 web-test02 的结果如图 7.19 所示。

图 7.18　DNS 配置完成窗口

图 7.19　访问网站 web-test02 的结果

3. 使用不同 IP 地址架设多个 Web 网站

如果要在一台 Web 服务器上创建多个网站，为了使每个网站域名都能对应于独立的 IP 地址，则一般使用多个 IP 地址来实现，这种方案称为 IP 虚拟主机技术，也是比较传统的解决方案。当然，为了使用户可在浏览器中使用不同的域名来访问不同的 Web 网站，必须将主机名及其对应的 IP 地址添加到 DNS 中。要使用多个 IP 地址架设多个网站，需要在一台服务器上绑定多个 IP 地址。一张网卡可以绑定多个 IP 地址，将这些 IP 地址分配给不同的虚拟网站，就可以达到在一台服务器上利用多个 IP 地址来架设多个 Web 网站的目的。例如，要在一台服务器上创建 www.abc.com 和 www1.abc.com 两个网站，其对应的 IP 地址分别为 192.168.100.100 和 192.168.100.101，则需要在 Web 服务器的网卡中添加这两个 IP 地址，具体操作步骤如下。

（1）以域管理员账户登录 Web 服务器，在桌面上选择"网络"图标并单击鼠标右键，在弹出的快捷菜单中选择"属性"命令，打开"网络和共享中心"窗口，单击"更改适配器设置"链接，打开"网络连接"窗口，双击"Ethernet0"网卡，弹出"Ethernet0 属性"对话框，双击"Internet 协议版本 4（TCP/IPv4）"选项，弹出"Internet 协议版本 4（TCP/IPv4）属性"对话框，单击"高级"按钮，弹出"高级 TCP/IP 设置"对话框，单击"IP 地址"选项组中的"添加"按钮，打开"TCP/IP 地址"窗口，输入 IP 地址 192.168.100.101、子网掩码 255.255.255.0，单击"添加"按钮，返回"高级 TCP/IP 设置"对话框，如图 7.20 所示。

（2）更改第 2 个网站的 IP 地址和端口号。以域管理员身份登录 Web 服务器，打开"Internet Information Services（IIS）管理器"窗口，选择"网站"→"web-test02"选项并单击鼠标右键，在弹出的快捷菜单中选择"编辑绑定"命令，弹出"编辑网站绑定"对话框，输入 IP 地址 192.168.100.101、端口 80，如图 7.21 所示。

图 7.20 "高级 TCP/IP 设置"对话框

图 7.21 "编辑网站绑定"对话框

（3）在客户端上访问这两个网站。在客户端 win10-user01 上打开 IE 浏览器，分别输入 http://192.168.100.100 和 http://192.168.100.101，这时会发现打开了两个不同的网站 web-test01 和 web-test02。

7.2.4 管理 Web 网站虚拟目录

在 Web 站点中，Web 文件都会保存在一个或多个目录树下，包括 HTML 内容文件、Web 应用程序和数据库等，甚至有的会保存在多台计算机的多个目录下。因此，为了使其他目录中的内容和信息也能够通过 Web 网站发布，需要创建虚拟目录，当然，也可以在物理目录下直接创建目录来管理内容。

1. 虚拟目录与物理目录

在 Internet 上浏览网页时，经常会看到一个网站下有许多子目录，这就是虚拟目录。虚拟目录只是一个文件夹，并不一定位于主目录下，但在浏览 Web 网站的用户看来，虚拟目录就像位于主目录下一样。任何一个网站都需要使用目录来保存文件，即将所有的网页及相关文件都存放到网站的主目录之下，也就是在主目录之下建立文件夹，并将文件放到这些子文件夹内，这些文件夹也称物理目录。也可以将文件保存到其他物理文件夹内，如本地计算机或其他计算机内，并通过虚拟目录进行映射，每个虚拟目录都有一个别名。虚拟目录的好处是在不改变别名的情况下，随时改变其他对应的文件夹。

在 Web 网站中，默认发布主目录下的内容。如果要发布其他物理目录下的内容，则需要创建虚拟目录。虚拟目录也就是网站的子目录，每个网站都可能会有多个子目录，不同的子目录内容不同，在磁盘中会用不同的文件夹来存放不同的文件。例如，image 文件夹用于存放网站图片等，bbs 文件夹用于存放论坛文件等。

2. 创建虚拟目录

在 www.abc.com 对应的网站上创建一个名为 bbs 的虚拟目录，其路径为本地磁盘中的"D:\web03"，该文件夹下有文档 index.html，其网页内容为"hello my friend!"，具体操作步骤如下。

（1）准备 Web 网站内容。在 D 盘中创建文件夹 web03 作为网站的主目录，并在该文件夹中存放网页 index.html 作为网站的首页，网页内容为"hello my friend!"。

（2）以域管理员账户登录 Web 服务器，打开"Internet Information Services（IIS）管理器"窗口，选择"网站"→"web-test02"选项并单击鼠标右键，在弹出的快捷菜单中选择"添加虚拟目录"命令，弹出"添加虚拟目录"对话框，在"别名"文本框中输入 bbs，物理路径为 D:\web03，如图 7.22 所示。单击"确定"按钮，返回"Internet Information Services（IIS）管理器"窗口，可以看到 bbs 虚拟目录已经创建完成，如图 7.23 所示。

图 7.22 "添加虚拟目录"对话框

图 7.23 bbs 虚拟目录创建完成

（3）在客户端上访问虚拟目录网站。在客户端 win10-user01 上打开 IE 浏览器，在其地址栏中输入 http://www1.abc.com/bbs，访问 D:\web03 目录下的默认网站，如图 7.24 所示。

图 7.24 访问虚拟目录网站

7.2.5 创建和管理 FTP 站点

在架设 FTP 服务器之前，需要了解项目规划和部署环境。FTP 服务器配置完成之后，就可以在客户端浏览器上使用 IP 地址访问 FTP 服务器了。

1. 项目规划

部署 FTP 服务器的网络拓扑结构图如图 7.25 所示。

图 7.25 部署 FTP 服务器的网络拓扑结构图

（1）部署域环境，域名为 abc.com，设置 FTP 服务器的 TCP/IP 属性，手动指定 IP 地址、子网掩码、默认网关和 DNS 服务器的 IP 地址等相关信息。

（2）设置 FTP 客户端的 TCP/IP 属性，手动指定 IP 地址、子网掩码、默认网关和 DNS 服务器的 IP 地址等相关信息。

2. 创建使用 IP 地址访问的 FTP 站点

在 FTP 服务器上创建一个新站点 ftp-test01，使用户在 FTP 客户端上能通过 IP 地址和域名进行访问，具体操作步骤如下。

（1）准备 FTP 主目录。在 D 盘中创建文件夹 D:\ftp 作为 FTP 的主目录，并在该文件夹内存放文件 test-01.txt，供用户在客户端上下载和上传测试使用。

（2）创建 FTP 站点。以域管理员账户登录 FTP 服务器，打开"Internet Information Services（IIS）管理器"窗口，选择"SERVER-01（ABC\Administrator）"选项并单击鼠标右键，在弹出的快捷菜单中选择"添加 FTP 站点"命令，如图 7.26 所示，弹出"添加 FTP 站点"对话框，如图 7.27 所示。

图 7.26 选择"添加 FTP 站点"命令

图 7.27 "添加 FTP 站点"对话框

（3）输入 FTP 站点名称，选择物理路径，单击"下一步"按钮，进入"绑定和 SSL 设置"界面，如图 7.28 所示。绑定 IP 地址与端口，单击"无 SSL"单选按钮，单击"下一步"按钮，进入"身份验证和授权信息"界面，如图 7.29 所示。

图 7.28　"绑定和 SSL 设置"界面　　　　图 7.29　"身份验证和授权信息"界面

（4）单击"完成"按钮，返回"Internet Information Services（IIS）管理器"窗口，可以看到 FTP 站点 ftp-test01 创建完成，如图 7.30 所示。

（5）测试 FTP 站点。在客户端 win10-user01 的文件资源管理器中输入 ftp://192.168.100.100，访问 FTP 站点 ftp-test01，如图 7.31 所示。

图 7.30　FTP 站点 ftp-test01 创建完成　　　　图 7.31　使用 IP 地址访问 FTP 站点

 注意　本例允许用户匿名访问，也允许特定用户访问，访问 FTP 服务器主目录的最终权限由此处的权限与用户对 FTP 主目录的 NTFS 权限共同决定，哪一个严格就采用哪一个。

3. 创建使用域名访问的 FTP 站点

创建使用域名访问的 FTP 站点的具体操作步骤如下。

（1）以域管理员账户登录 DNS 服务器，打开"DNS 管理器"窗口，选择"DNS"→"SERVER-01"→"正向查找区域"→"abc.com"选项并单击鼠标右键，在弹出的快捷菜单中选择"新建别名（CNAME）"命令，弹出"新建资源记录"对话框，输入别名和目标主机的完全合格的域名，如图 7.32 所示。

（2）测试 FTP 站点。在客户端 win10-user01 的文件资源管理器中输入 ftp://ftp.abc.com，访问 FTP 站点 ftp-test01，如图 7.33 所示。

图 7.32 "新建资源记录"对话框

图 7.33 使用域名访问 FTP 站点

7.2.6 创建 FTP 虚拟目录

使用虚拟目录可以在服务器硬盘中创建多个物理目录，或者引用其他计算机上的主目录，从而为不同的用户提供不同的目录，并为不同的目录分别设置不同的权限，如读取、写入等。使用 FTP 虚拟目录时，因为用户不知道文件的具体存储位置，所以其安全性更高。

在 FTP 站点上创建虚拟目录 virdir 的具体操作步骤如下。

（1）准备虚拟目录内容。在 FTP 服务器中创建文件夹 D:\virtual-dir01，作为 FTP 虚拟目录的主目录，在该文件夹内存入一个文件 vir-test-01.txt，供用户在客户端上下载使用。

（2）创建虚拟目录。以域管理员账户登录 FTP 服务器，打开"Internet Information Services（IIS）管理器"窗口，选择"网站"→"ftp-test01"选项并单击鼠标右键，在弹出的快捷菜单中选择"添加虚拟目录"命令，弹出"添加虚拟目录"对话框，在"别名"文本框中输入 virdir，设置物理路径为 D:\virtual-dir01，如图 7.34 所示。单击"确定"按钮，返回"Internet Information Services（IIS）管理器"窗口，可以看到虚拟目录 virdir 创建完成，如图 7.35 所示。

图 7.34 "添加虚拟目录"对话框

图 7.35 虚拟目录 virdir 创建完成

（3）测试 FTP 站点的虚拟目录。在客户端 win10-user01 的文件资源管理器中输入 ftp://ftp.abc.com/virdir 或 ftp://192.168.100.100/virdir，访问 FTP 站点的虚拟目录 virdir，如图 7.36 和图 7.37 所示。

图 7.36 以域名方式测试 FTP 站点的虚拟目录

图 7.37 以 IP 地址方式测试 FTP 站点的虚拟目录

7.2.7 创建 FTP 虚拟主机

一个 FTP 站点是由一个 IP 地址和一个端口号唯一标识的，改变其中任意一项均会标识不同的 FTP 站点。但是在 FTP 服务器中，通过"Internet Information Services（IIS）管理器"窗口只能创建一个 FTP 站点。在实际应用环境中，有时需要在一台服务器中创建两个不同的 FTP 站点，这就涉及虚拟主机的问题。

在一台服务器中创建两个 FTP 站点时，默认只能启动其中一个站点，用户可以通过更改其 IP 地址或端口号的方法来解决这个问题。可以使用多个 IP 地址和多个端口来创建多个 FTP 站点。尽管使用多个 IP 地址来创建多个 FTP 站点是常见且推荐的操作，但在默认情况下，当使用 FTP 时，客户端会调用端口 21，这样情况会变得非常复杂。因此，如果要使用多个端口来创建多个 FTP 站点，则需要将端口号通知给用户，以便其用户能够找到并连接到该端口。

1. 使用相同 IP 地址、不同端口号创建两个 FTP 站点

在同一台服务器中使用相同的 IP 地址、不同的端口号（21、2121）同时创建两个 FTP 站点，具体操作步骤如下。

（1）以域管理员账户登录 FTP 服务器，创建 D:\ftp02 文件夹作为第 2 个 FTP 站点的主目录，并在该文件夹内创建 ftp-test02.txt 文件用于测试。

（2）在 FTP 服务器中创建第 2 个 FTP 站点 ftp-test02。站点的创建可参见"7.2.5 创建和管理 FTP 站点"的相关内容，这里不赘述，只是将端口号设置为 2121，如图 7.38 所示。

（3）测试 FTP 站点。在客户端 win10-user01 的文件资源管理器中输入 ftp://192.168.100. 100:2121，访问 FTP 站点 ftp-test02，如图 7.39 所示。

图 7.38 创建 FTP 站点

图 7.39 通过端口号访问 FTP 站点 ftp-test02

2. 使用两个不同的 IP 地址创建两个 FTP 站点

在同一台服务器中使用相同的端口号、不同的 IP 地址（192.168.100.100、192.168.100.101）创建两个 FTP 站点，具体操作步骤如下。

（1）设置 FTP 服务器网卡的两个 IP 地址，即 192.168.100.100、192.168.100.101。设置过程不赘述。

（2）更改第 2 个 FTP 站点的 IP 地址和端口号。打开 "Internet Information Services（IIS）管理器" 窗口，选择 "网站" → "ftp-test02" 选项并单击鼠标右键，弹出快捷菜单，如图 7.40 所示。选择 "编辑绑定" 命令，弹出 "网站绑定" 对话框，如图 7.41 所示。

图 7.40 "ftp-test02" 快捷菜单

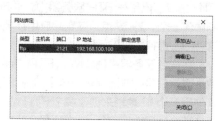

图 7.41 "网站绑定" 对话框

（3）选择 "ftp" 类型后，单击 "编辑" 按钮，弹出 "编辑网站绑定" 对话框，修改 IP 地址为 192.168.100.101，修改端口为 21，如图 7.42 所示。单击 "确定" 按钮，返回 "网站绑定" 对话框，单击 "关闭" 按钮，完成更改。

（4）测试 FTP 站点。在客户端 win10-user01 的文件资源管理器中输入 "ftp://192.168.100.101"，这时就可以访问 FTP 站点 ftp-test02，如图 7.43 所示。

图 7.42 "编辑网站绑定" 对话框

图 7.43 通过 IP 地址访问 FTP 站点 ftp-test02

7.2.8 在活动目录环境下实现 FTP 多用户隔离

某公司 FTP 服务器域环境已经搭建好，因业务需求，需要在 FTP 服务器中存储相关业务数据，但业务数据要求用户目录之间互相隔离（只允许访问自己的目录，而无法访问其他人的目录），不影响其他用户目录下的业务数据，每一个用户允许使用的 FTP 空间大小为 200MB，公司决定通过 AD 中的 FTP 隔离来实现此应用。

1. 创建组织单位及用户

以域管理员账户登录 FTP 服务器，在"服务器管理器"窗口中，选择"工具"→"Active Directory 用户和计算机"命令，打开"Active Directory 用户和计算机"窗口。创建组织单位 org_unit-01，在组织单位 org_unit-01 中创建用户 ftp_user-01、ftp_user-02、ftp_unit01-master，用户密码均为 Lncc@123。

（1）在"Active Directory 用户和计算机"窗口中，选择"abc.com"选项并单击鼠标右键，在弹出的快捷菜单中选择"新建"→"组织单位"命令，如图 7.44 所示。弹出"新建对象-组织单位"对话框，输入名称为 org_unit-01，勾选"防止容器被意外删除"复选框，如图 7.45 所示。

图 7.44　选择"组织单位"命令

图 7.45　"新建对象-组织单位"对话框

（2）单击"确定"按钮，返回"Active Directory 用户和计算机"窗口，选择刚创建的组织单位 org_unit-01 并单击鼠标右键，在弹出的快捷菜单中选择"新建"→"用户"命令，如图 7.46 所示。弹出"新建对象-用户"对话框，输入用户登录名为 ftp_user-01，如图 7.47 所示。

图 7.46　选择"用户"命令

图 7.47　"新建对象-用户"对话框

（3）单击"下一步"按钮，设置用户密码，如图 7.48 所示。单击"下一步"按钮，进入用户创建完成界面，如图 7.49 所示。

图 7.48　设置用户密码　　　　　　　　　　图 7.49　用户创建完成界面

（4）单击"完成"按钮，完成用户 ftp_user-01 的创建。以相同的方法创建用户 ftp_user-02
和 ftp_unit01-master，如图 7.50 所示。

图 7.50　完成组织单位和用户的创建

（5）在"Active Directory 用户和计算机"窗口中，选择"org_unit-01"选项并单击鼠标右
键，在弹出的快捷菜单中选择"委派控制"命令，弹出"控制委派向导"对话框，如图 7.51 所示。
单击"下一步"按钮，进入"用户或组"界面，如图 7.52 所示。

图 7.51　"控制委派向导"对话框　　　　　　图 7.52　"用户或组"界面

（6）单击"添加"按钮，弹出"选择用户、计算机或组"对话框，如图 7.53 所示。单击"高级"按钮，展开"一般性查询"选项组，如图 7.54 所示。

图 7.53　"选择用户、计算机或组"对话框　　　　图 7.54　"一般性查询"选项组

（7）单击"立即查找"按钮，在"搜索结果"列表框中选择用户 ftp_unit01-master，单击"确定"按钮，收起"一般性查询"选项组，添加用户 ftp-unit01-master，如图 7.55 所示。单击"确定"按钮，返回"用户或组"界面，用户添加完成，如图 7.56 所示。

图 7.55　添加用户 ftp_unit01-master　　　　图 7.56　用户添加完成

（8）选择用户 ftp_unit01-master，单击"下一步"按钮，进入"要委派的任务"界面，如图 7.57 所示。单击"委派下列常见任务"单选按钮，勾选"读取所有用户信息"复选框，单击"下一步"按钮，进入"完成控制委派向导"界面，如图 7.58 所示。

2. FTP 服务器配置

以域管理员账户登录 FTP 服务器，该服务器集域控制器、DNS 服务器和 FTP 服务器于一身，在真实环境下可能需要单独的 FTP 服务器，FTP 服务器角色和功能已经添加。

图 7.57 "要委派的任务"界面

图 7.58 "完成控制委派向导"界面

（1）在 D 盘中创建主目录 ftp_unit01，在 ftp_unit01 中分别创建用户名对应的文件夹 ftp_user-01、ftp_user-02，如图 7.59 所示。为了测试方便，分别在文件夹 ftp_user-01 中创建文件 ftp_user-01.txt，在文件夹 ftp_user-02 中创建文件 ftp_user-02.txt。

图 7.59　创建与用户名对应的文件夹

（2）打开"Internet Information Services（IIS）管理器"窗口，选择"网站"选项并单击鼠标右键，在弹出的快捷菜单中选择"添加 FTP 站点"命令，弹出"添加 FTP 站点"对话框，如图 7.60 所示。单击"下一步"按钮，进入"绑定和 SSL 设置"界面，选择要绑定的 IP 地址和端口，单击"无 SSL"单选按钮，如图 7.61 所示。

图 7.60 "添加 FTP 站点"对话框

图 7.61 "绑定和 SSL 设置"界面

（3）单击"下一步"按钮，进入"身份验证和授权信息"界面，在"身份验证"选项组中，勾选"匿名"和"基本"复选框，在"授权"选项组的下拉列表中选择"所有用户"选项，在"权限"选项组中，勾选"读取"和"写入"复选框，如图 7.62 所示。单击"完成"按钮，返回"Internet Information Services（IIS）管理器"窗口。

（4）停止其他 FTP 站点服务，开启刚创建的 FTP 站点 ftp_unit01。选择"ftp_unit01"选项并单击鼠标右键，在弹出的快捷菜单中选择"管理 FTP 站点"→"启动"命令，如图 7.63 所示。

图 7.62　"身份验证和授权信息"界面

图 7.63　启动 FTP 站点 ftp_unit01

（5）在"Internet Information Services（IIS）管理器"窗口中，在左侧窗格中选择"ftp_unit01"选项，在中间窗格中选择"FTP 用户隔离"选项，如图 7.64 所示。

（6）双击"FTP 用户隔离"选项，进入"FTP 用户隔离"界面，如图 7.65 所示。

图 7.64　选择"FTP 用户隔离"选项

图 7.65　"FTP 用户隔离"界面

（7）在"隔离用户。将用户局限于以下目录"选项组中，单击"在 Active Directory 中配置的 FTP 主目录"单选按钮，单击"设置"按钮，弹出"设置凭据"对话框，如图 7.66 所示。输入刚刚委派的用户 ftp_unit01-master 和密码 Lncc@123，单击"确定"按钮，返回"FTP 用户隔离"界面，在右侧窗格的"操作"选项组中单击"应用"按钮，如图 7.67 所示。

（8）打开"服务器管理器"窗口，选择"工具"→"ADSI 编辑器"命令，打开"ADSI 编辑器"窗口，选择"操作"→"连接到"命令，如图 7.68 所示。弹出"连接设置"对话框，如图 7.69 所示。

图 7.66　"设置凭据"对话框

图 7.67　设置委派的用户 ftp_unit01-master

图 7.68　选择"连接到"命令

图 7.69　"连接设置"对话框

（9）单击"确定"按钮，返回"ADSI 编辑器"窗口，展开左子树，选择组织单位 org_unit-01 中的用户 ftp_user-01，如图 7.70 所示。单击鼠标右键，在弹出的快捷菜单中选择"属性"命令，弹出"CN= ftp_user-01 属性"对话框。其中，"msIIS-FTPDir"选项用于设置用户对应的目录，将其修改为 ftp_user-01；"msIIS-FTPRoot"选项用于设置用户对应的路径，将其设置为 D:\ftp_unit01，如图 7.71 所示。使用同样的方式配置用户 ftp_user-02。

注意　msIIS-FTPRoot 对应于用户的 FTP 根目录，msIIS-FTPDir 对应于用户的 FTP 主目录，用户的 FTP 主目录必须是 FTP 根目录的子目录。

图 7.70 选择用户 ftp_user-01

图 7.71 "CN= ftp_user-01 属性"对话框

3. 配置磁盘配额

在 FTP 服务器中，在 D 盘上单击鼠标右键，在弹出的快捷菜单中选择"属性"命令，弹出"本地磁盘（D:）属性"对话框，选择"配额"选项卡，勾选"启用配额管理"和"拒绝将磁盘空间给超过配额限制的用户"复选框，为该主卷上的新用户选择默认配额限制区域，单击"将磁盘空间限制为"单选按钮，设置磁盘配额，在"选择该卷的配额记录选项"选项组中，勾选"用户超出配额限制时记录事件"和"用户超过警告等级时记录事件"复选框，如图 7.72 所示。单击"确定"按钮，完成磁盘配额设置。

4. 测试验证

在客户端 win10-user01 的文件资源管理器中输入 ftp://192.168.100.100，使用 ftp_user-01 用户账户和密码登录 FTP 服务器，如图 7.73 所示。

图 7.72 设置磁盘配额

图 7.73 使用用户账户 ftp_user-01 登录 FTP 服务器

> **注意** 必须使用 abc\ftp_user-01 或 ftp_user-01@abc.com 登录，为了不受防火墙的影响，在测试时，建议暂时关闭服务器与客户端上的所有软/硬件防火墙。

（1）在客户端 win10-user01 上，用户 ftp_user-01 可访问 FTP 服务器，并成功上传文件，如图 7.74 所示。用户 ftp_user-02 也可访问 FTP 服务器，并成功上传文件，如图 7.75 所示。

图 7.74　用户 ftp_user-01 访问 FTP 服务器　　图 7.75　用户 ftp_user-02 访问 FTP 服务器

（2）当用户 ftp_user-01 上传的文件超过 200MB 时，弹出"FTP 文件夹错误"对话框，提示"将文件复制到 FTP 服务器时发生错误，请检查是否有权限将文件放到该服务器上。"信息，如图 7.76 所示。

（3）在 FTP 服务器中，双击桌面上的"此电脑"图标，在 D 盘上单击鼠标右键，在弹出的快捷菜单中选择"属性"命令，弹出"本地磁盘（D:）属性"对话框，选择"配额"选项卡，单击"配额项"按钮，打开"（D:）的配额项"窗口，可查看配额的相关信息，如图 7.77 所示。

图 7.76　"FTP 文件夹错误"对话框　　　　图 7.77　"（D:）的配额项"窗口

课后实训

随着业务的发展，某公司需要创建 Web 服务器与 FTP 服务器，同时需要配置 DNS 服务器及 DHCP 服务器，具体要求如下。

（1）安装 Web 服务器与 FTP 服务器，Web 服务器的域名为 www.abc.com，FTP 服务器的域名为 ftp.abc.com。

（2）配置 DNS 服务器与 DHCP 服务器，并进行相应测试。

（3）创建用户和组，允许 FTP 站点用户登录和匿名用户登录，并进行相应的权限设置。

（4）开启日志管理功能，记录客户端 IP 地址、用户名、访问时间等重要信息。

请按照上述要求做出合适的配置，以检查学习效果。

本章小结

本章包含两节。

7.1　Web 与 FTP 服务器基础知识，主要讲解 Web 服务器概述、FTP 服务器概述等相关理论知识。

7.2　技能实践，主要讲解安装 Web 与 FTP 服务器角色、创建 Web 网站、创建多个 Web 网站、管理 Web 网站虚拟目录、创建和管理 FTP 站点、创建 FTP 虚拟目录、创建 FTP 虚拟主机、在 AD 环境下实现 FTP 多用户隔离等相关知识技能。

课后习题

1. 填空题

（1）FTP 是一种在互联网中进行文件传输的协议，基于（　　　）模式，默认使用端口（　　　）和（　　　）。

（2）FTP 分为两种工作模式：（　　　）和（　　　）。

（3）Web 目录分为两种类型：（　　　）和（　　　）。

2. 选择题

（1）【单选】FTP 服务使用的端口号是（　　　）。

    A．21　　　　　　　　B．23　　　　　　　　C．25　　　　　　　　D．27

（2）【单选】从 Internet 上获得软件常用（　　　）。

    A．DHCP　　　　　　B．DNS　　　　　　　C．FTP　　　　　　　D．Telnet

（3）【单选】虚拟目录不具备的特点是（　　　）。

    A．便于扩展　　　　B．易于配置　　　　　C．增删灵活　　　　　D．动态分配空间

（4）【多选】Windows Server 2019 中的 IIS 10.0 的默认文档有（　　　）。

    A．Default.htm　　　B．Default.asp　　　　C．index.htm　　　　D．index.html

（5）【多选】架设多个 Web 网站可以使用的方式为（　　　）。

    A．使用不同端口架设多个 Web 网站

    B．使用不同主机头架设多个 Web 网站

    C．使用不同 IP 地址架设多个 Web 网站

    D．使用不同计算机名架设多个 Web 网站

3. 简答题

（1）简述 Web 服务的工作原理。

（2）简述 FTP 的工作原理。

（3）简述创建多个 Web 网站的方式。

（4）简述虚拟目录与物理目录的区别与作用。

第8章
VPN服务器配置管理

本章主要讲解VPN基础知识和技能实践，包括VPN技术概述、VPN的分类、VPN使用的主要技术、规划部署VPN服务器、安装路由和远程访问服务、配置与管理VPN服务器、配置VPN服务器的网络策略等相关内容。

【知识目标】

- 掌握VPN的工作过程以及VPN的分类。
- 掌握VPN使用的主要技术。

【能力目标】

- 掌握规划部署VPN服务器、安装路由和远程访问服务的方法。
- 掌握配置与管理VPN服务器、配置VPN服务器的网络策略的方法。

【素养目标】

- 培养自我学习的能力、习惯和爱好。
- 培养实践能力，能解决实际工作中的问题，树立爱岗敬业精神。

8.1 VPN 基础知识

随着企业网应用的不断增多，企业网的覆盖范围也不断扩大，如从一个本地网络到一个跨地区、跨城市甚至是跨国的网络。采用传统的广域网方式建立企业专网，往往需要租用昂贵的跨地区数字专线网络。而利用公共网络，信息安全又得不到保证。可以说虚拟专用网络（Virtual Private Network，VPN）是企业网在公共网络上的延伸，它可以提供与专用网络一样的安全性、可管理性和传输性能，而建设、运转和维护网络的工作也从企业内部的 IT 部门剥离出来，交由运营商来负责。

8.1.1 VPN 技术概述

VPN 属于远程访问技术，简单地说就是利用公共网络架设专用网络。例如，某公司员工出差到外地，他想访问企业内网的服务器资源，这种访问就属于远程访问。

在传统的企业网络配置中，进行远程访问需要租用数字数据网专线或帧中继，这样的通信方案必然导致高昂的网络通信和维护费用。对于移动用户（移动办公人员）与远端个人用户而言，一般会通过拨号线路（Internet）进入企业的局域网，但这样必然会带来安全隐患。

V8-1　VPN 技术概述

让身处外地的员工能访问内网资源，利用 VPN 的解决方法就是在内网中架设一台 VPN 服务器。身处外地的员工在连接上互联网后，通过互联网连接 VPN 服务器，并通过 VPN 服务器进入企业内网。为了保证数据安全，VPN 服务器和客户端之间的通信数据都进行了加密处理。有了数据加密，就可以认为数据是在一条专用的数据链路上进行安全传输，就如同专门架设了一个专用网络一样，但实际上 VPN 使用的是互联网上的公用链路，VPN 的实质是利用加密技术在公共网络上封装出一条数据通信隧道。有了 VPN 技术，用户无论是在外地出差还是在家办公，只要能连接上互联网，就能利用 VPN 访问内网资源。这就是 VPN 在企业中应用得如此广泛的原因。

1. VPN 的定义

VPN 是指通过综合利用访问控制技术和加密技术，并通过一定的密钥管理机制，在公共网络中建立起安全的"专用"网络，保证数据在"加密管道"中进行安全传输的技术。VPN 可以利用公共网络来发送专用信息，形成逻辑上的专用网络，其目标是在不安全的公共网络上建立一个安全的专用通信网络。

VPN 利用公共网络来构建专用网络，它是使特殊设计的硬件和软件直接通过共享的 IP 网络所建立的隧道来实现的。通常将 VPN 当作广域网（Wide Area Network，WAN）解决方案，但它也可以简单地用于局域网。VPN 类似于点到点直接拨号连接或租用线路连接，尽管它是以交换和路由的方式工作的。

2. VPN 的主要特点

VPN 是平衡 Internet 适用性和价格的通信手段之一。利用共享的 IP 网络建立 VPN 连接，可以降低企业对昂贵租用线路和复杂远程访问方案的依赖性。VPN 具有以下几个方面的特点。

（1）安全性。VPN 用加密技术对经过隧道传输的数据进行加密，以保证数据仅被指定的发送者和接收者了解，从而保证了数据的私有性和安全性。

（2）专用性。VPN 会在非面向连接的公共 IP 网络中建立一个逻辑的、点对点的连接，称为建立一个隧道。隧道的双方进行数据的加密传输，就好像真正的专用网络一样。

（3）经济性。VPN 可以使移动用户和一些小型的分支机构的网络开销减少，不仅可以大幅度减少传输数据的开销，还可以减少传输语音的开销。

（4）扩展性和灵活性。VPN 能够支持通过 Internet 和 Extranet 的任何类型的数据流，方便增加新的节点；VPN 支持多种类型的传输介质，可以同时满足语音、图像、数据等的高质量传输，以及带宽增加的需求。

3. VPN 的工作过程

一条 VPN 连接由客户端、隧道和服务器 3 部分组成，VPN 系统使分布在不同地方的专用网络能在公共网络上安全地通信。它采用复杂的算法来加密传输的信息，使得敏感的数据不会被窃听，其工作过程如下。

（1）要保护的主机发送明文信息到连接公共网络的 VPN 设备。

（2）VPN 设备根据网络管理员设置的规则，确定是对数据进行加密还是直接传输。

（3）对需要加密的数据，VPN 设备将其整个数据包（包括要传输的数据、源 IP 地址和目的 IP 地址）进行加密并附上数据签名，加上新的数据报头（包括目的地 VPN 设备需要的安全信息和一些初始化参数）重新进行封装。

（4）将封装后的数据包通过隧道在公共网络上传输。

（5）数据包到达目的 VPN 设备后，目的 VPN 设备将其解封，核对数字签名无误后，对数据包进行解密。

8.1.2　VPN 的分类

根据不同的划分标准，VPN 可以按以下几个标准进行分类。

1. 按 VPN 的协议分类

VPN 的协议主要有点到点隧道协议（Point to Point Tunneling Protocol，PPTP）、二层隧道协议（Layer 2 Tunneling Protocol，L2TP）、二层转发（Layer 2 Forwarding，L2F）协议、通用路由封装（Generic Routing Encapsulation，GRE）协议和 IPSec，其中，PPTP、L2TP 和 L2F 协议工作在开放系统互连（Open System Interconnection，OSI）模型的第二层，又称为二层隧道协议；GRE 协议、IPSec 工作在 OSI 模型的第三层，又称为三层隧道协议。

2. 按 VPN 的实现方式分类

VPN 的实现方式有很多种，常用的有以下 4 种。

（1）VPN 服务器：在大型局域网中，可以通过在网络中心搭建 VPN 服务器的方法实现 VPN。

（2）软件 VPN：可以通过专用的软件实现 VPN。

（3）硬件 VPN：可以通过专用的硬件实现 VPN。

（4）集成 VPN：某些硬件设备，如路由器、防火墙等，都含有 VPN 功能，但是拥有 VPN 功能的硬件设备通常比没有这一功能的硬件设备贵。

3. 按 VPN 的服务类型分类

VPN 按照服务类型可以分为远程接入 VPN（Access VPN）、内联网 VPN（Intranet VPN）和外联网 VPN（Extranet VPN）。

（1）Access VPN

Access VPN 实际是指从客户端到网关，使用公共网络作为骨干网在设备之间传输 VPN 数据流量的 VPN。Access VPN 通过一个拥有与专用网络相同策略的共享基础设施，提供对企业内部网或外部网的远程访问，如图 8.1 所示。Access VPN 能使用户随时、随地以其所需的方式访问企业资源。Access VPN 包括模拟、拨号、综合业务数字网（Integrated Service Digital Network，ISDN）、xDSL、移动 IP 和电缆技术，能够安全地连接移动用户、远程工作者或分支机构。

Access VPN 适用于公司内部经常有流动人员远程办公的情况。身处外地的员工利用当地 Internet 服务提供方（Internet Service Provider，ISP）提供的 VPN 服务，就可以和公司的 VPN 网关建立私有的隧道连接。远程身份认证拨号用户服务（Remote Authentication Dial-in User Service，RADIUS）可对员工进行验证和授权，以保证连接的安全性。

Access VPN 的优点如下。

① 能减少费用，简化网络。

② 以本地拨号接入的功能来取代远距离接入或 800 电话接入，这样能显著减少远距离通信的费用。

③ 具有极大的可扩展性，能简便地对加入网络的新用户进行调度。

④ 提供基于 RADIUS 标准、基于策略功能的安全服务。

图 8.1　Access VPN 解决方案

（2）Intranet VPN

　　Intranet VPN 实际上是指从网关到网关，通过公司的网络架构连接来自同公司的资源的 VPN。它是企业的总部与分支机构之间通过公共网络构筑的虚拟网，是一种从网络到网络、以对等的方式连接起来组成的 VPN。这种方式可以减少广域网带宽的费用，能使用灵活的拓扑结构，且新的站点能更快、更容易地被连接，如图 8.2 所示。

图 8.2　Intranet VPN 解决方案

Intranet VPN 的优点如下。

① 能减少广域网带宽的费用。

② 能使用灵活的拓扑结构，包括全网连接。

③ 新的站点能更快、更容易地被连接。

④ 通过设备供应商广域网的连接冗余，可以延长网络的可用时间。

（3）Extranet VPN

　　Extranet VPN 用于将一个公司与另一个公司的资源进行连接，如图 8.3 所示。它通过连接共享的基础设施，将客户、供应商、合作伙伴或兴趣群体连接到企业内部网。企业内部网拥有与专用网络相同的策略，包括安全、服务质量、可管理性和可靠性。

图 8.3　Extranet VPN 解决方案

Extranet VPN 的优点如下。

① 能实现对外部网络进行部署和管理，外部网络的连接可以使用与部署内部网络和 Access VPN 相同的架构及协议实现。

② 外部网络的用户只有一次机会被允许连接到其合作伙伴的网络。

8.1.3　VPN 使用的主要技术

VPN 主要采用了隧道技术、加解密技术、密钥管理技术和身份认证技术。

1. 隧道技术

隧道技术指的是利用一种网络协议来传输另一种网络协议的技术，如图 8.4 所示。

图 8.4　隧道技术解决方案

隧道技术涉及了两种类型的隧道协议。

（1）二层隧道协议：主要有 PPTP、L2TP 和 L2F 协议，用于传输二层网络协议，主要用于构建 Access VPN 和 Extranet VPN。

（2）三层隧道协议：主要有 GRE 协议、IPSec，用于传输三层网络协议，主要用于构建 Intranet VPN 和 Extranet VPN。

2. 加解密技术

为确保私有资料在传输过程中不被其他人浏览、窃取或篡改，可以使用安全外壳（Secure Shell，SSH）、安全多用途互联网邮件扩展（Secure Multipurpose Internet Mail Extensions，S/MIME）协议。

3. 密钥管理技术

密钥管理的主要任务就是保证在开放网络环境下安全地传输密钥而不被黑客窃取。互联网密钥交换（Internet Key Exchange，IKE）协议用于通信双方协商和建立安全联盟并交换密钥。

4. 身份认证技术

网络中的用户与设备都需要确定性的身份认证，可以使用用户名和密码方式[密码认证协议（Password Authentication Protocol，PAP）、CHAP]、认证中心（Certificate Authority，CA）所发出的符合 X.509 规范的标准数字证书（Certificate）、IKE 提供的共享验证字（Pre-shared Key）、公钥加密验证、数字签名验证等验证方法来进行身份认证。其中，后两种方法通过对 CA 的支持来实现验证。

8.2 技能实践

实现远程访问常用的连接方式就是 VPN。目前，Internet 中多个企业网络常常选择使用 VPN 技术连接起来，从而可以轻易地在 Internet 中建立一个专用网络，让远程用户通过 Internet 来安全地访问企业内部的网络资源。

8.2.1 规划部署 VPN 服务器

在部署 VPN 服务器之前，读者需要了解企业部署的项目规划需求和实训环境，本小节使用 VMware Workstation 构建虚拟环境。

1. 项目规划

部署 VPN 服务器的网络拓扑结构图如图 8.5 所示。

图 8.5　部署 VPN 服务器的网络拓扑结构图

在部署 VPN 服务器之前需完成如下配置。

（1）在服务器 server-01 上部署域环境，域名为 abc.com。

（2）设置 VPN 服务器的 TCP/IP 属性，如设置其 IP 地址、子网掩码、默认网关和 DNS 服务器的 IP 地址等相关信息。

（3）设置 VPN 客户端的 TCP/IP 属性，如设置其 IP 地址、子网掩码、默认网关和 DNS 服务器的 IP 地址等相关信息。

（4）VPN 服务器必须有两个网络连接，一个用于连接内部网络（VMnet1 为仅主机模式），另一个用于连接外部网络（VMnet8 为 NAT 模式）。

（5）使用提供远程访问 VPN 服务的 Windows Server 2019 操作系统。

（6）合理规划分配给 VPN 客户端的 IP 地址（地址池：192.168.200.101～192.168.200.200）。

2. 配置 VPN 服务器网卡相关信息

（1）为 VPN 服务器添加第二块网卡。在"VMware Workstation"窗口中，选中 VPN 服务器，选择"虚拟机"→"设置"命令，弹出"虚拟机设置"对话框，单击"添加"按钮，弹出"添加硬件向导"对话框，如图 8.6 所示，选择"网络适配器"选项，单击"完成"按钮，返回"虚拟机设置"对话框。设置第二块网卡，选择刚添加的"网络适配器 2"选项，单击"仅主机模式：与主机共享的专用网络"单选按钮，如图 8.7 所示。

图 8.6 "添加硬件向导"对话框

图 8.7 设置第二块网卡

（2）查看虚拟机网络地址信息。在"VMware Workstation"窗口中，选中 VPN 服务器，选择"编辑"→"虚拟机网络编辑器"命令，弹出"虚拟网络编辑器"对话框，如图 8.8 所示，选择查看 VMnet8 网卡的信息，单击"NAT 设置"按钮，弹出"NAT 设置"对话框，如图 8.9 所示，在此可查看虚拟机网络地址信息。

（3）查看 VPN 服务器网络地址信息。开启 VPN 服务器，选择"控制面板"→"网络和 Internet"→"网络和共享中心"→"更改适配器设置"选项，打开"网络连接"窗口，如图 8.10 所示，选择查看 Ethernet0（外网）和 Ethernet1（内网）的地址信息。分别双击"Ethernet0（外网）"与"Ethernet1（内网）"选项，分别弹出"Ethernet0 属性"和"Ethernet1 属性"对话框，双击"Internet 协议版本 4（TCP/IPv4）"选项，弹出"Internet 协议版本 4（TCP/IPv4）属性"对话框，在此可查看其网卡地址信息，如图 8.11 和图 8.12 所示。

图 8.8 "虚拟网络编辑器"对话框

图 8.9 "NAT 设置"对话框

图 8.10 "网络连接"窗口

图 8.11 Ethernet0 网卡地址信息

图 8.12 Ethernet1 网卡地址信息

3. 未连接到 VPN 服务器时的测试（win10-user01）

以管理员身份登录客户端 win10-user01，按"Ctrl+R"组合键，弹出"运行"对话框，输入

cmd 命令，按"Enter"键，打开"命令提示符"窗口，使用 ping 命令测试与 VPN 服务器连接的信息，测试结果如图 8.13 所示，可以看到客户端与 VPN 服务器的 IP 地址 192.168.100.100、网关地址 192.168.100.2 均可相互访问，而与 VPN 服务器的 IP 地址 192.168.200.100 无法相互访问（即内网无法相互访问）。

图 8.13　未连接到 VPN 服务器时的测试结果

8.2.2　安装路由和远程访问服务

在部署 VPN 服务器之前，必须安装路由和远程访问服务。在 Windows Server 2019 中，路由和远程访问是包括在网络策略和访问服务、路由和远程访问角色中的，并且默认没有安装。用户可以根据自己的需要选择同时安装网络策略和访问服务中的所有组件或者只安装路由和远程访问服务。

安装路由和远程访问服务的具体操作步骤如下。

（1）以管理员身份登录 VPN 服务器，打开"服务器管理器"窗口，选择"管理"→"添加角色和功能"命令，打开"添加角色和功能向导"窗口，持续单击"下一步"按钮，直到进入"选择服务器角色"界面，勾选"网络策略和访问服务"和"远程访问"复选框，如图 8.14 所示。

（2）单击"下一步"按钮，直到进入"选择角色服务"界面，勾选"DirectAccess 和 VPN（RAS）""Web 应用程序代理"和"路由"复选框，如图 8.15 所示，单击"下一步"按钮，直到完成路由和远程访问服务的安装。

图 8.14　"选择服务器角色"界面　　　　　图 8.15　"选择角色服务"界面

8.2.3　配置与管理 VPN 服务器

在已经安装路由和远程访问服务的 VPN 服务器上通过"路由和远程访问"窗口配置并启用路由和远程访问服务，具体操作步骤如下。

1. 配置并启用 VPN 服务

（1）以管理员身份登录 VPN 服务器，打开"服务器管理器"窗口，选择"工具"→"路由和远程访问"命令，打开"路由和远程访问"窗口，选择"SERVER-01（本地）"选项并单击鼠标右键，在弹出的快捷菜单中选择"配置并启用路由和远程访问"命令，如图 8.16 所示，弹出"路由和远程访问服务器安装向导"对话框，如图 8.17 所示。

图 8.16　选择"配置并启用路由和远程访问"命令　　图 8.17　"路由和远程访问服务器安装向导"
对话框

（2）单击"下一步"按钮，进入"配置"界面，如图 8.18 所示，单击"远程访问（拨号或 VPN）"单选按钮，单击"下一步"按钮，进入"远程访问"界面，如图 8.19 所示。

图 8.18　"配置"界面　　　　　　　　　　图 8.19　"远程访问"界面

（3）勾选"VPN"复选框，单击"下一步"按钮，进入"VPN 连接"界面，如图 8.20 所示，选择 Ethernet0 网卡，用于 VPN 连接外网，单击"下一步"按钮，进入"地址范围分配"界面，单击"新建"按钮，弹出"新建 IPv4 地址范围"对话框，如图 8.21 所示。

图 8.20 "VPN 连接"界面　　　　　　　　图 8.21 "新建 IPv4 地址范围"对话框

（4）输入分配访问内网的 IP 地址池，单击"确定"按钮，返回"地址范围分配"界面，单击"下一步"按钮，进入"管理多个远程访问服务器"界面，如图 8.22 所示，单击"否，使用路由和远程访问来对连接请求进行身份验证"单选按钮，单击"下一步"按钮，进入"正在完成路由和远程访问服务器安装向导"界面，如图 8.23 所示，单击"完成"按钮，返回"路由和远程访问"窗口。

图 8.22 "管理多个远程访问服务器"界面　　图 8.23 "正在完成路由和远程访问服务器安装向导"界面

（5）展开服务器节点，选择"网络接口"选项，右侧窗格中将显示 VPN 服务器中的所有网络接口，如图 8.24 所示；选择"端口"选项，右侧窗格中将显示 VPN 服务器中的所有端口，其状态均为"不活动"，如图 8.25 所示。

图 8.24　VPN 服务器中的所有网络接口　　图 8.25　VPN 服务器中的所有端口及其状态

2. 配置域用户账户允许连接 VPN 服务

在域控制器（server-01）上设置允许用户 administrator@abc.com 使用 VPN 连接到 VPN 服务器，具体操作步骤如下。

（1）以管理员账户登录 VPN 服务器，打开"服务器管理器"窗口，选择"工具"→"Active Directory 用户和计算机"命令，打开"Active Directory 用户和计算机"窗口，选择"abc.com"→"Users"选项，选择"Administrator"用户并单击鼠标右键，在弹出的快捷菜单中选择"属性"命令，如图 8.26 所示，弹出"Administrator 属性"对话框。

（2）选择"拨入"选项卡，在"网络访问权限"选项组中单击"允许访问"单选按钮，如图 8.27 所示，单击"确定"按钮，完成设置。

图 8.26 选择"属性"命令

图 8.27 "Administrator 属性"对话框

3. 在客户端上建立 VPN 连接

在 VPN 客户端以管理员账户登录计算机 win10-user01，建立到 VPN 服务器的 VPN 连接，具体操作步骤如下。

（1）在客户端计算机 win10-user01 上，选择"开始"→"Windows 系统"→"控制面板"→"网络和 Internet"→"网络和共享中心"选项，打开"网络和共享中心"窗口，如图 8.28 所示。在"更改网络设置"选项组中，选择"设置新的连接或网络"选项，打开"设置连接或网络"窗口，如图 8.29 所示。

图 8.28 "网络和共享中心"窗口

图 8.29 "设置连接或网络"窗口

（2）选择"连接到工作区"选项，单击"下一步"按钮，进入"连接到工作区"界面，如图8.30所示，选择"我将稍后设置 Internet 连接"选项，进入"你希望如何连接？"界面，如图8.31所示。

图 8.30 "连接到工作区"界面

图 8.31 "你希望如何连接？"界面

（3）选择"使用我的 Internet 连接（VPN）"选项，进入"键入要连接的 Internet 地址"界面，输入 Internet 地址和目标名称，如图8.32所示，单击"创建"按钮，完成 VPN 连接的创建。选择"开始"→"Windows 系统"→"控制面板"→"网络和 Internet"→"网络和共享中心"→"更改适配器设置"选项，打开"网络连接"窗口，可以查看刚刚创建的 VPN 连接，如图8.33所示。

图 8.32 "键入要连接的 Internet 地址"界面

图 8.33 "网络连接"窗口

4. 在客户端上测试 VPN 连接

在 VPN 客户端以管理员账户登录计算机 win10-user01，测试能否连接到 VPN 服务器，具体操作步骤如下。

（1）选择"开始"菜单并单击鼠标右键，在弹出的快捷菜单中选择"网络连接"→"VPN"→"VPN 连接"命令，打开 VPN 连接设置窗口，如图8.34所示，单击"连接"按钮，弹出"Windows安全中心"对话框，如图8.35所示。

（2）输入用户账户和密码，单击"确定"按钮，进行 VPN 连接，连接成功后，VPN 连接设置窗口中显示"已连接"，如图8.36所示，也可以在"网络连接"窗口中查看 VPN 的连接状态，如图8.37所示。

（3）在"命令提示符"窗口中，使用 ipconfig /all 命令查看此时的 IP 地址信息，可以看到 VPN 客户端获得的 VPN 连接的 IP 地址为 192.168.200.102，如图8.38所示，已经可以使用 ping 命令访问内部网络 IP 地址 192.168.200.100，如图8.39所示。

图 8.34　VPN 连接设置窗口

图 8.35　"Windows 安全中心"对话框

图 8.36　VPN 连接成功

图 8.37　查看 VPN 的连接状态

图 8.38　VPN 连接成功后的 IP 地址信息　　图 8.39　使用 ping 命令访问内部网络 IP 地址 192.168.200.100

（4）在 VPN 服务器上进行验证。以管理员账户登录 VPN 服务器，打开"服务器管理器"窗口，选择"工具"→"路由和远程访问"命令，打开"路由和远程访问"窗口，展开服务器节点，选择"远程访问客户端（1）"选项，如图 8.40 所示，右侧窗格中将显示连接时间及连接的账户，这表明已经有一个用户建立了 VPN 连接。选择"端口"选项，在右侧窗格中可以看到有一个端口的状态是"活动"，表明有客户端连接到 VPN 服务器，如图 8.41 所示。

图 8.40　选择"远程访问客户端（1）"选项

图 8.41　端口状态

5. 停止或启动路由和远程访问服务

要停止或启动路由和远程访问服务，可以通过"路由和远程访问"窗口、"服务"窗口或使用 net 命令来实现，具体操作步骤如下。

（1）通过"路由和远程访问"窗口实现操作。在"路由和远程访问"窗口中，选择"SERVER-01（本地）"选项，在弹出的快捷菜单中选择"所有任务"→"停止"或"启动"命令，即可停止或启动路由和远程访问服务，如图 8.42 所示。路由和远程访问服务停止后，服务器图标会显示红色向下标识的箭头；路由和远程访问服务启动后，服务器图标会显示绿色向上标识的箭头。

（2）通过"服务"窗口实现操作。打开"服务器管理器"窗口，选择"工具"→"服务"命令，打开"服务"窗口，找到"Routing and Remote Access"选项，在"服务（本地）"选项组中，单击"停止"或"重启动"链接即可停止或启动路由和远程访问服务，如图 8.43 所示。在"运行"对话框中，输入 services.msc 命令，也可以打开"服务"窗口。

图 8.42　停止或启动路由和远程访问服务的快捷菜单

图 8.43　通过"服务"窗口停止或启动路由和远程访问服务

（3）使用 net 命令实现操作。以管理员账户登录 VPN 服务器，在"命令提示符"窗口中，输入命令 net stop remoteaccess 可停止路由和远程访问服务，输入命令 net start remoteaccess 可启动路由和远程访问服务。

8.2.4　配置 VPN 服务器的网络策略

在 VPN 服务器上配置网络策略，使得用户在进行 VPN 连接时可使用该网络策略，具体操作步骤如下。

1．新建网络策略

（1）以管理员账户登录 VPN 服务器，打开"服务器管理器"窗口，选择"工具"→"网络策略服务器"命令，打开"网络策略服务器"窗口，选择"策略"→"网络策略"选项并单击鼠标右键，在弹出的快捷菜单中选择"新建"命令，如图 8.44 所示，弹出"新建网络策略"对话框，如图 8.45 所示。

图 8.44　选择"新建"命令 　　　　　　　　　图 8.45　"新建网络策略"对话框

（2）输入策略名称 VPN-Policy01，单击"网络访问服务器的类型"单选按钮，在其下拉列表中选择"远程访问服务器（VPN 拨号）"选项，单击"下一步"按钮，进入"指定条件"界面，单击"添加"按钮，弹出"选择条件"对话框，从中选择"日期和时间限制"选项，如图 8.46 所示，弹出"日期和时间限制"对话框，单击"允许"单选按钮，选择允许的日期和时间，如图 8.47 所示。

图 8.46　选择"日期和时间限制"选项 　　　　　图 8.47　"日期和时间限制"对话框

（3）单击"确定"按钮，返回"指定条件"界面，如图 8.48 所示，单击"下一步"按钮，进入"指定访问权限"界面，单击"已授予访问权限"单选按钮，如图 8.49 所示。

图 8.48　"指定条件"界面 　　　　　　　　　图 8.49　"指定访问权限"界面

（4）单击"下一步"按钮，进入"配置身份验证方法"界面，如图 8.50 所示，在"安全级别较低的身份验证方法"选项组中勾选相应的复选框，单击"下一步"按钮，进入"配置约束"界面，选择"日期和时间限制"选项，勾选"仅允许在这些日期和时间访问"复选框，如图 8.51 所示。

图 8.50 "配置身份验证方法"界面　　　　图 8.51 "配置约束"界面

（5）单击"下一步"按钮，进入"配置设置"界面，如图 8.52 所示，在该界面中可以进行网络策略的设置，如 RADIUS 属性、多链路和带宽分配协议（BAP）、IP 筛选器、加密、IP 设置等，单击"下一步"按钮，进入"正在完成新建网络策略"界面，如图 8.53 所示，单击"完成"按钮，完成网络策略的创建。

图 8.52 "配置设置"界面　　　　图 8.53 "正在完成新建网络策略"界面

2. 设置用户远程访问权限

以管理员账户登录 VPN 服务器，打开"服务器管理器"窗口，选择"工具"→"Active Directory 用户和计算机"命令，打开"Active Directory 用户和计算机"窗口，选择"abc.com"→"Users"选项，选择"Administrator"用户并单击鼠标右键，在弹出的快捷菜单中选择"属性"命令，弹出"Administrator 属性"对话框，选择"拨入"选项卡，在"网络访问权限"选项组中，单击"通过 NPS 网络策略控制访问"单选按钮，如图 8.54 所示，单击"确定"按钮，完成设置。

3. 测试客户端能否连接到 VPN 服务器

在 VPN 客户端以管理员账户登录计算机 win10-user01，打开 VPN 连接，以用户账户 administrator@abc.com 登录 VPN 服务器，此时是按网络策略进行身份验证的，若验证成功，则连接到 VPN 服务器。如果验证不成功，则打开 VPN 连接错误提示窗口，如图 8.55 所示，在"相关设置"选项组中，单击"更改适配器选项"链接，打开"网络连接"窗口，选择"VPN 连接"选项并单击鼠标右键，在弹出的快捷菜单中选择"属性"命令，如图 8.56 所示，弹出"VPN 连接 属性"对话框，在"身份验证"选项组中，单击"允许使用这些协议"单选按钮，如图 8.57 所示，单击"确定"按钮，完成相应配置。

图 8.54 "Administrator 属性"对话框

图 8.55 VPN 连接错误提示窗口

图 8.56 选择"属性"命令

图 8.57 "VPN 连接 属性"对话框

课后实训

随着业务的发展，某公司规模不断扩大，客户也不断增多，为了更好地满足客户和公司员工的需求，经过多方论证，公司确定了使用服务器 Windows Server 2019 的 VPN 方式进行网络管理的方案，其具体要求如下。

（1）部署架设 VPN 服务器，安装路由和远程访问服务，并进行相应的测试。

（2）配置并启用 VPN 服务，配置域用户账户，允许 VPN 连接，并在客户端上进行相应的测试。

（3）通过网络策略控制 VPN 的访问，将总公司与分公司通过网络连接起来，使得数据操作人员可以随时连接和操作公司内部数据，实现各种应用系统数据的传递和整合。

请按照上述要求做出合适的配置，以检查学习效果。

本章小结

本章包含两节。

8.1　VPN 基础知识，主要讲解 VPN 的定义、主要特点及工作过程等，VPN 的分类，VPN 使用的主要技术等相关理论知识。

8.2　技能实践，主要讲解规划部署 VPN 服务器、安装路由和远程访问服务、配置与管理 VPN 服务器、配置 VPN 服务器的网络策略等相关知识技能。

课后习题

1. 选择题

（1）【多选】VPN 的三层隧道协议有（　　　）。

    A. PPTP　　　　　B. L2TP　　　　　C. GRE 协议　　　D. IPSec

（2）【多选】VPN 的二层隧道协议有（　　　）。

    A. PPTP　　　　　B. L2TP　　　　　C. GRE 协议　　　D. IPSec

（3）【多选】VPN 的主要特点有（　　　）。

    A. 安全性　　　　B. 专用性　　　　C. 经济性　　　　D. 扩展性和灵活性

（4）【多选】VPN 按照服务类型可以分为（　　　）。

    A. Access VPN　B. Intranet VPN　　C. Extranet VPN　D. Trunk VPN

2. 简答题

（1）简述 VPN 的主要特点。

（2）简述 VPN 的工作过程。

（3）简述 VPN 的分类。

（4）简述 VPN 使用的主要技术。

第9章
NAT服务器配置管理

本章主要讲解NAT基础知识和技能实践，包括NAT技术概述、NAT的工作过程、规划部署NAT服务器、配置路由和远程访问服务器、配置和测试NAT客户端计算机、外部网络主机访问内部Web服务器、配置DHCP分配器与DNS中继代理等相关内容。

【知识目标】

- 理解NAT技术的相关基础知识。
- 掌握NAT的工作过程。

【能力目标】

- 掌握规划部署NAT服务器、配置路由和远程访问服务器、配置和测试NAT客户端计算机的方法。
- 掌握设置外部网络主机访问内部Web服务器、配置DHCP分配器与DNS中继代理的方法。

【素养目标】

- 培养自我学习的能力和习惯。
- 树立团队互助、进取合作的意识。

9.1 NAT 基础知识

随着网络技术的发展，接入 Internet 的计算机数量不断增加，Internet 中空闲的 IP 地址越来越少，IP 地址资源越来越紧张。事实上，除了中国教育和科研计算机网（China Education and Research Network，CERNET）外，一般用户几乎申请不到整段的 C 类 IP 地址。在其他 ISP 那里，即使是拥有几百台计算机的大型局域网用户，他们所能申请到的 IP 地址也不过只有几个或十几个。显然，这么少的 IP 地址根本无法满足网络用户的需求，于是人们使用了网络地址转换（Network Address Translation，NAT）技术，目前 NAT 技术有效地解决了此问题，使得私有网络 IP 可以访问外网。

V9-1 NAT 技术概述

9.1.1 NAT 技术概述

NAT 技术是 1994 年被提出的。简单来说，它就是把内部私有 IP 地址翻译成合法、有效的网络公有 IP 地址的技术。若专用网内部的一些主机本来已经分配到了本地 IP 地址（即仅在本专用网内使用的专用地址），但现在又想和 Internet 上的主机通信（并不需要加密），则可使用 NAT 技术，这种技术需要在专用网连接到 Internet 的路由器上安装 NAT 软件。装有 NAT 软件的路由器叫作 NAT 路由器，它至少有一个有效的外部全球 IP 地址。这样，所有使用本地 IP 地址的主机都可以在 NAT 路由器上将其本地 IP 地址转换成全球 IP 地址，从而和 Internet 连接实现与外界的通信。

NAT 技术不仅能解决 IP 地址不足的问题，还能够有效地避免来自外部网络的攻击，隐藏并保护内部网络的计算机。

（1）NAT 技术的作用：通过将内部网络的私有 IP 地址翻译成全球唯一的公有 IP 地址，使内部网络可以连接到 Internet 等外部网络上。

（2）NAT 技术的优点：节省公共合法 IP 地址；可处理地址重叠问题；有很强的灵活性与安全性。

（3）NAT 技术的缺点：增加了延迟；增加了配置和维护的复杂性；不支持某些应用，但可以通过静态 NAT 映射来实现这些应用的支持。

要真正了解 NAT 就必须先了解现在 IP 地址的使用情况，私有 IP 地址是指内部网络或主机的 IP 地址，公有 IP 地址是指在 Internet 上全球唯一的 IP 地址。RFC1918 为私有网络预留出了 3 个 IP 地址块，如下所示。

A 类：10.0.0.0～10.255.255.255。

B 类：172.16.0.0～172.31.255.255。

C 类：192.168.0.0～192.168.255.255。

上述 3 个范围内的地址不会在 Internet 上被分配，因此可以不必向 ISP 或注册中心申请而直接在公司或企业内部自由使用。

9.1.2　NAT 的工作过程

NAT 的工作过程如下。

（1）内部客户端主机将数据包发送给 NAT 服务器。

（2）NAT 服务器将数据包中的端口号和专用 IP 地址换成它自己的端口号和公用 IP 地址，并将数据包发给外部网络的目的主机，同时记录一个跟踪信息到映射表中，以便向客户端主机发送回答信息。

V9-2　NAT 的工作过程

（3）外部网络发送回答信息给 NAT 服务器。

（4）NAT 服务器将所收到的数据包的端口号和公有 IP 地址转换为客户端主机的端口号和内部网络使用的私有 IP 地址并转发给客户端主机。

NAT 工作过程的网络拓扑结构图如图 9.1 所示。NAT 服务器有两块网卡、两个 IP 地址，IP 地址分别为 192.168.1.1/24 和 100.1.1.1/24。

下面举例说明 NAT 的工作过程。

（1）用户主机 192.168.1.2 访问 Web 服务器 100.1.2.1，此时，用户主机将创建带有下列信息的 IP 数据包。

目的 IP 地址：100.1.2.1。

目的端口：TCP 端口 80。

源 IP 地址：192.168.1.2。

源端口：TCP 端口 1580。

图 9.1 NAT 工作过程的网络拓扑结构图

（2）IP 数据包被转发到 NAT 服务器上，NAT 服务器将数据包地址转换成以下形式，用自己的 IP 地址重新打包后转发出去。

目的 IP 地址：100.1.2.1。

目的端口：TCP 端口 80。

源 IP 地址：100.1.1.1。

源端口：TCP 端口 2580。

（3）NAT 协议在映射表中保留了{192.168.1.2，TCP 端口 1580}到{100.1.1.1，TCP 端口 2580}的映射，以便回传数据包。

（4）转发的 IP 数据包通过 Internet 发送，Web 服务器通过 NAT 协议进行接收和发送。当 NAT 服务器接收到数据包时，数据包中包含以下公有地址信息。

目的 IP 地址：100.1.1.1。

目的端口：TCP 端口 2580。

源 IP 地址：100.1.2.1。

源端口：TCP 端口 80。

（5）NAT 协议检查转发表，将公有地址映射到私有地址，并将数据包转发给 IP 地址为 192.168.1.2 的用户主机，转发的数据包包含以下地址信息。

目的 IP 地址：192.168.1.2。

目的端口：TCP 端口 1580。

源 IP 地址：100.1.2.1。

源端口：TCP 端口 80。

9.2 技能实践

NAT 位于使用私有地址的 Intranet 和使用公有地址的 Internet 之间，从 Intranet 传出的数据包由 NAT 将它们的私有地址转换为公有地址，从 Internet 传入的数据包由 NAT 将它们的公有地址转换为私有地址。这样，在内网中计算机使用未注册的私有 IP 地址，而在与外部网络通信时使用注册的公有 IP 地址，大大降低了连接成本，同时 NAT 也起到了将内部网络隐藏起来，保护内部网络的作用，因为对外部用户来说只有使用公有 IP 地址的 NAT 是可见的。

9.2.1 规划部署 NAT 服务器

在部署 NAT 服务器之前，读者需要了解实例部署的项目规划需求和实训环境。

1. 项目规划

部署 NAT 服务器的网络拓扑结构图如图 9.2 所示。

图 9.2　部署 NAT 服务器的网络拓扑结构图

在部署 NAT 服务器之前需完成如下配置。

（1）在服务器 server-01 上部署域环境，域名为 abc.com。

（2）设置 NAT 服务器的 TCP/IP 属性，如设置其 IP 地址、子网掩码、默认网关和 DNS 服务器的 IP 地址等相关信息。

（3）设置 NAT 客户端的 TCP/IP 属性，如设置其 IP 地址、子网掩码、默认网关和 DNS 服务器的 IP 地址等相关信息。

（4）NAT 服务器必须有两个网络连接，一个连接内部网络（VMnet1 为仅主机模式），另一个连接外部网络（VMnet8 为 NAT 模式）。

2. 环境部署

NAT 服务器的主机名为 server-01，该服务器连接内部局域网网卡的 IP 地址为 192.168.200.100/24，内部网络地址为 192.168.200.0/24；连接外部网络网卡的 IP 地址为 192.168.100.100/24、默认网关为 192.168.100.2。

内部网络 NAT 客户端主机 win10-user01 的 IP 地址为 192.168.200.10/24、网关为 192.168.200.100/24。

内部网络 Web 服务器 DNS2 的 IP 地址为 192.168.200.1/24、网关为 192.168.200.100/24。

Internet 中的客户端主机 win10-user02 的 IP 地址为 192.168.100.10/24、网关为 192.168.100.2。

9.2.2　配置路由和远程访问服务器

在安装路由和远程访问服务之前，按照图 9.2 配置各计算机的 IP 地址参数。安装路由和远程访问服务的具体操作步骤参见 8.2.2 小节，这里不赘述。

在 NAT 服务器上通过"路由和远程访问"窗口配置并启用 NAT 服务的具体操作步骤如下。

（1）禁用路由和远程访问服务。以管理员账户登录需要添加 NAT 服务的计算机上，打开"服务器管理器"窗口，选择"工具"→"路由和远程访问"命令，打开"路由和远程访问"窗口，选择"SERVER-01"选项并单击鼠标右键，在弹出的快捷菜单中选择"禁用路由和远程访问"命令（清除 VPN 实验的影响）。

（2）选择"SERVER-01"选项并单击鼠标右键，在弹出的快捷菜单中选择"配置并启动路由和远程访问"命令，弹出"路由和远程访问服务器安装向导"对话框，如图 9.3 所示，单击"下一步"按钮，进入"配置"界面，单击"网络地址转换（NAT）"单选按钮，如图 9.4 所示。

图 9.3 "路由和远程访问服务器安装向导"对话框　　　　图 9.4 "配置"界面

（3）单击"下一步"按钮，进入"NAT Internet 连接"界面，如图 9.5 所示，单击"使用此公共接口连接到 Internet"单选按钮，在"网络接口"列表框中，选择使用 Ethernet0（外网）连接外部网络，单击"下一步"按钮，进入"正在完成路由和远程访问服务器安装向导"界面，如图 9.6 所示。

图 9.5 "NAT Internet 连接"界面　　　　图 9.6 "正在完成路由和远程访问服务器安装向导"界面

9.2.3　配置和测试 NAT 客户端计算机

配置 NAT 客户端计算机，并测试内部网络和外部网络计算机之间的连通性，具体操作步骤如下。

（1）外部网络客户端计算机的 IP 地址等相关参数如图 9.7 所示，内部网络 NAT 客户端计算机的 IP 地址等相关参数如图 9.8 所示。

图9.7　外部网络客户端计算机的IP地址等相关参数　　图9.8　内部网络NAT客户端计算机的IP地址等相关参数

（2）测试外部网络计算机与NAT服务器、网关的连通性，如图9.9所示；测试内部网络NAT客户端计算机与外部网络计算机的连通性，如图9.10所示。

 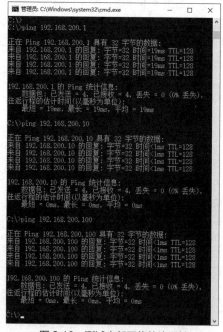

图9.9　测试外部网络的连通性　　　　　　　图9.10　测试内部网络的连通性

9.2.4　让外部网络主机访问内部 Web 服务器

若要让外部网络的主机 win10-user02 能够访问内部网络的 Web 服务器 DNS2，具体操作步骤如下。

（1）在内部网络计算机 DNS2 上安装 Web 服务器角色，安装过程参考 7.2.1 小节，这里不赘述。

（2）将内部网络计算机 DNS2 配置为 NAT 客户端。以管理员账户登录 NAT 客户端计算机 DNS2，在"Internet 协议版本 4（TCP/IPv4）属性"对话框中，设置默认网关为 NAT 服务器的内网网卡的 IP 地址，输入 192.168.200.100，单击"确定"按钮。

> **注意**　使用端口映射等功能时，内部网络的计算机一定要配置为 **NAT 客户端**。

（3）设置端口转换。以管理员账户登录 NAT 服务器 server-01，打开"路由和远程访问"窗口，选择"SERVER-01（本地）"→"IPv4"→"NAT"选项，在右侧窗格中，选择 NAT 服务器的外网网卡"Ethernet0（外网）"并单击鼠标右键，在弹出的快捷菜单中选择"属性"命令，如图 9.11 所示，弹出"Ethernet0（外网）属性"对话框，如图 9.12 所示，在"NAT"选项卡的"接口类型"选项组中，单击"公用接口连接到 Internet"单选按钮，勾选"在此接口上启用 NAT"复选框。选择"地址池"选项卡，可以添加 IP 地址池，设置接入 Internet 时 ISP 分配此地址池中的 IP 地址，如图 9.13 所示。

图 9.11　选择"属性"命令

图 9.12　"Ethernet0（外网）属性"对话框

图 9.13　"地址池"选项卡

（4）选择"服务和端口"选项卡，勾选"服务"列表框中的"Web 服务器（HTTP）"复选框，如图 9.14 所示，单击"编辑"按钮，弹出"编辑服务"对话框，在"专用地址"文本框中输入安装

Web 服务器的内部网络计算机的 IP 地址，在此输入 192.168.200.1，如图 9.15 所示，单击"确定"按钮。

图 9.14 "服务和端口"选项卡

图 9.15 设置专用地址

（5）从外部网络访问内部网络计算机 DNS2 上的 Web 服务器。以管理员账户登录外部网络客户端 win10-user02，打开浏览器，在其地址栏中输入 http://192.168.100.100，即可访问内部网络计算机 DNS2 上的 Web 服务器，如图 9.16 所示。

图 9.16 访问内部网络计算机 DNS2 上的 Web 服务器

> **注意** 192.168.100.100 是 NAT 服务器外部网卡的 IP 地址。

（6）在 NAT 服务器上查看地址转换信息。以管理员账户登录 NAT 服务器 server-01，打开

"路由和远程访问"窗口，选择"SERVER-01（本地）"→"IPv4"→"NAT"选项，右侧窗格中将显示 NAT 服务器正在使用的连接内部网络的网络接口。选择"Ethernet0（外网）"选项并单击鼠标右键，在弹出的快捷菜单中选择"显示映射"命令，打开"SERVER-01-网络地址转换会话映射表格"窗口，如图 9.17 所示。

SERVER-01 - 网络地址转换会话映射表格							
协议	方向	专用地址	专用端口	公用地址	公用端口	远程地址	远程端口	空闲时间
UDP	入站	192.168.200.102	55,408	192.168.100.100	53	192.168.100.1	55,899	80
UDP	出站	192.168.200.102	54,868	192.168.100.201	54,868	192.168.100.100	53	80
UDP	出站	192.168.200.102	54,868	192.168.100.201	54,868	114.114.114.114	53	80
UDP	出站	192.168.200.102	51,438	192.168.100.201	51,438	192.168.100.100	53	31
UDP	出站	192.168.200.102	51,438	192.168.100.201	51,438	114.114.114.114	53	31
UDP	入站	192.168.200.102	51,438	192.168.100.100	53	192.168.100.10	55,987	17

图 9.17 "SERVER-01-网络地址转换会话映射表格"窗口

9.2.5 配置 DHCP 分配器与 DNS 中继代理

NAT 服务器还具备以下两个功能。
（1）DHCP 分配器（DHCP Allocator）：用来分配 IP 地址给内部的局域网计算机。
（2）DNS 中继代理（DNS Proxy）：可以替局域网中的计算机查询 IP 地址。

1. DHCP 分配器

DHCP 分配器扮演着类似 DHCP 服务器的角色，用来给内部网络的计算机分配 IP 地址。
（1）修改 DHCP 分配器的设置。打开"路由和远程访问"窗口，选择"SERVER-01（本地）"→"IPv4"→"NAT"选项并单击鼠标右键，弹出快捷菜单，如图 9.18 所示，选择"属性"命令，弹出"NAT 属性"对话框，如图 9.19 所示。

图 9.18 "NAT"快捷菜单

图 9.19 "NAT 属性"对话框

（2）选择"转换"选项卡，如图 9.20 所示，保持默认设置，选择"地址分配"选项卡，网络访问转换器可以使用 DHCP 自动在专用网络上为计算机分配 IP 地址，勾选"使用 DHCP 分配器自动分配 IP 地址"复选框，输入 IP 地址网段和掩码，如图 9.21 所示。

图 9.20 "转换"选项卡

图 9.21 "地址分配"选项卡

（3）单击"排除"按钮，弹出"排除保留的地址"对话框，在"保留地址"列表框下方单击"添加"按钮，添加保留的 IP 地址，如图 9.22 所示。

2. DNS 中继代理

当内部计算机需要查询主机的 IP 地址时，它们可以将查询请求发送到 NAT 服务器，并由 NAT 服务器的 DNS 中继代理来替它们查询。在"NAT 属性"对话框中，选择"名称解析"选项卡，可启动或修改 DNS 中继代理的设置，勾选"使用域名系统（DNS）的客户端"复选框，如图 9.23 所示，表示要启用 DNS 中继代理的功能，以后只要客户端要查询主机的 IP 地址（这些主机可能位于 Internet 或内部网络中），NAT 服务器就可以代替客户端来向 DNS 服务器查询。

图 9.22 添加保留的 IP 地址

图 9.23 "名称解析"选项卡

课后实训

随着业务的发展，某公司新成立了一家子公司，公司购买了 20 台计算机、3 台服务器，需要安装 Web 服务器、FTP 服务器和 NAT 服务器，均安装 Windows Server 2019，并申请了一个公共 IP 地址 202.199.184.100/24。现要求组建和配置公司网络，具体要求是将公司的局域网正确地接入 Internet，使得公司内部的计算机能够访问 Internet 资源，并要求 Internet 用户能够访问公司内部的 Web 和 FTP 服务器。

请按照上述要求做出合适的配置，以检查学习效果。

本章小结

本章包含两节。

9.1 NAT 基础知识，主要讲解 NAT 的基础知识，包括 NAT 技术的作用、优缺点，以及 NAT 的工作过程等相关理论知识。

9.2 技能实践，主要讲解规划部署 NAT 服务器，包括项目规划及环境部署；配置路由和远程访问服务器；配置和测试 NAT 客户端计算机；使外部网络主机访问内部 Web 服务器；配置 DHCP 分配器与 DNS 中继代理，包括 DHCP 分配器以及 DNS 中继代理等相关知识技能。

课后习题

1. 填空题

（1）NAT 的中文全称为（ ）。

（2）NAT 技术不仅能解决（ ）不足的问题，还能够有效地避免来自（ ）的攻击，隐藏并保护（ ）网络的计算机。

（3）NAT 的作用是通过将内部网络的（ ）翻译成全球唯一的（ ），使内部网络可以连接互联网等外部网络。

2. 简答题

（1）简述 NAT 的作用。

（2）简述 NAT 的优缺点。

（3）简述 NAT 的工作过程。

第10章
CA服务器配置管理

本章主要讲解公钥基础设施和数字证书、数字签名和技能实践，包括PKI的定义及组成、PKI技术的优势与应用、数字证书及其应用、数字签名概述、数字签名的实现方法、规划部署CA服务器、安装证书服务并部署独立根CA、配置客户端计算机浏览器信任CA、在Web服务器上配置证书服务等相关内容。

【知识目标】

- 掌握PKI的定义及组成、PKI技术的优势与应用。
- 掌握数字证书及其应用、数字签名的概念以及数字签名的实现方法。

【能力目标】

- 掌握规划部署CA服务器、安装证书服务并部署独立根CA的方法。
- 掌握配置客户端计算机浏览器信任CA、在Web服务器上配置证书服务的方法。

【素养目标】

- 培养动手能力，能解决实际工作中遇到的问题，树立爱岗敬业精神。
- 培养自我学习的能力和习惯。
- 树立团队互助、合作进取的意识。

10.1 公钥基础设施和数字证书

公钥基础设施（Public Key Infrastructure，PKI）是一种遵循既定标准的密钥管理平台，是目前网络安全建设的基础与核心，是电子商务、政务系统安全实施的基本保障，它能够为所有网络应用提供加密和数字签名等密码服务及所必需的密钥和证书管理体系。简单来说，PKI 就是利用公钥理论和技术建立的提供安全服务的基础设施。PKI 技术是信息安全技术的核心，也是电子商务的关键和基础技术。

10.1.1 PKI 的定义及组成

PKI 是利用公钥密码理论和技术建立起来的，它不针对具体的某一种网络应

V10-1 PKI 的定义及组成

用，而是提供一个通用性的基础平台，并对外提供了友好的接口。PKI 采用证书管理公钥，通过 CA 把用户的公钥和其他标识信息进行绑定，实现用户身份认证。用户可以利用 PKI 所提供的安全服务，保证传输信息的保密性、完整性和不可否认性，从而实现安全的通信。

PKI 的基础技术包括加密、数字签名、数据完整性机制、数字信封、双重数字签名等。PKI 用公钥概念和技术实施，支持公开密钥的管理并提供真实性、保密性、完整性以及可追究性的安全基础设施服务。

完整的 PKI 系统必须具有 CA、数字证书库、密钥备份及恢复系统、证书作废系统、API 等基本构成部分，构建 PKI 也将围绕着这五大部分来完成。

1. CA

CA 是 PKI 中的证书颁发机构，即数字证书的申请及签发机关，CA 必须具备权威性的特征。CA 负责数字证书的生成、发放和管理，通过证书将用户的公钥和其他标识信息绑定起来，可以确认证书持有人的身份。它是一个权威的、可信任的、公正的第三方机构，类似于现实生活中的证书颁发部门，如房产证办理机构。

2. 数字证书库

数字证书库用于存储已签发的数字证书及公钥，用户可通过它获得所需的其他用户的证书及公钥。数字证书库是网络中的一种公开信息库，可供公众进行开放式查询。一般来说，公众进行查询的目的有两个：一个是想要得到与之通信的实体的公钥；另一个是检查通信方的证书是否已经进入"黑名单"。为了提高数字证书的使用效率，通常将证书和证书撤销信息发布到一个数据库中以供访问。

3. 密钥备份及恢复系统

如果用户丢失了用于解密数据的密钥，那么数据将无法被解密，这将造成合法数据丢失。为避免这种情况出现，PKI 提供了备份与恢复密钥的机制。但需注意，密钥的备份与恢复必须由可信的机构来完成，且密钥的备份与恢复只针对解密密钥，签名私钥时，为确保其唯一性，不能够进行备份。

4. 证书作废系统

证书作废系统是 PKI 的一个必备组件。与日常生活中的各种身份证件一样，证书在有效期以内也可能因密钥介质丢失或用户身份变更等需要作废。为实现这一点，PKI 必须提供作废证书的一系列机制。

5. API

PKI 的价值在于能够使用户方便地使用加密、数字签名等安全服务，因此一个完整的 PKI 必须提供良好的 API 系统，使得各种各样的应用能够以安全、一致、可信的方式与 PKI 交互，确保安全网络环境的完整性和易用性。

通常来说，CA 是证书的签发机构，它是 PKI 的核心。众所周知，构建密码服务系统的核心内容是实现密钥管理。公钥体制涉及一对密钥（即私钥和公钥），私钥只由用户独立掌握，无须在网络上传输，而公钥则是公开的，需要在网络上传送，故公钥体制的密钥管理主要针对公钥，目前较好的解决方案是数字证书机制。

10.1.2　PKI 技术的优势与应用

PKI 就是一种基础设施，其目标就是充分利用公钥密码学的基础理论，建立起一种普遍适用的基础设施，为各种网络应用提供全面的安全服务。

1. PKI 技术的优势

（1）PKI 采用公开密钥密码技术，能够支持可公开验证并无法仿冒的数字签名，从而在支持可追究的服务上具有不可替代的优势。这种可追究的服务也为原始数据完整性提供了更高级别的保护。

V10-2　PKI 技术的优势

（2）由于密码技术的采用，保护机密性是 PKI 得天独厚的优点。PKI 不仅能够为相互"认识"的实体提供机密性服务，还能够为陌生的用户之间的通信提供保密支持。

（3）由于数字证书可以由用户独立验证，不需要在线查询，原理上能够保证服务范围的无限制扩张，这使得 PKI 能够成为一种可以服务巨大用户群体的基础设施。PKI 采用数字证书方式进行服务，而不是在线查询或在线分发，即通过第三方颁发的数字证书证明末端实体的密钥。这种密钥管理方式突破了过去安全验证服务必须在线的限制。

（4）PKI 提供了证书的撤销机制，从而使得其应用领域不受具体应用的限制。撤销机制提供了在意外情况下的补救措施，在各种安全环境下都可以让用户更加放心。另外，因为有撤销技术，不论是永远不变的身份，还是经常变换的角色，都可以得到 PKI 的服务而不用担心其在被窃后身份或角色被永远作废或被他人恶意盗用。

（5）PKI 具有极强的互连能力。不论是上下级的领导关系，还是平等的第三方信任关系，PKI 都能够按照人类世界的信任方式进行多种形式的互连互通，从而能够很好地服务于符合人类习惯的大型网络信息系统。PKI 中各种互连技术的结合使建设一个复杂的网络信任体系成为可能。PKI 的互连技术为消除网络世界的信任孤岛提供了充足的技术保障。

2. PKI 技术的应用

PKI 技术的应用领域非常广泛，包括电子商务、电子政务、网上银行、网上证券等。典型的基于 PKI 技术的常用技术包括 VPN、安全电子邮件、Web 安全、电子商务的应用等。

（1）VPN。通常，企业在架构 VPN 时会利用防火墙和访问控制技术来提高 VPN 的安全性，这只解决了很少的一部分问题，而一个现代 VPN 所需要的安全保障，如认证、机密、完整、不可否认以及易用性等都需要采用更完善的安全技术。就技术而言，除了基于防火墙的 VPN 之外，还可以有其他的结构方式，如基于黑盒的 VPN、基于路由器的 VPN、基于远程访问的 VPN 或者基于软件的 VPN。现实中构造的 VPN 往往并不局限于一种单一的结构，而是趋向于采用混合结构方式，以达到适合具体环境的、理想的效果。VPN 的基本思想是采用秘密通信通道，用加密的方法来实现。其具体协议一般有 3 种：PPTP、L2TP 和 IPSec。

（2）安全电子邮件。作为 Internet 上最有效的应用，电子邮件凭借其易用、低成本和高效等特点已经成为现代商业中的一种标准信息交换工具。随着 Internet 的持续发展，商业机构或政府机构都开始用电子邮件交换一些信息，这就引出了一些安全方面的问题，具体如下：消息和附件可以在不为通信双方所知的情况下被读取、篡改或拦截；没有办法可以确定一封电子邮件是否真的来自某人，也就是说，发信者的身份可能被人伪造。前一个问题是安全问题，后一个问题是信任问题，安全和信任保障的缺乏使得公司、机构一般不用电子邮件交换关键的信息，即使电子邮件本身有着很多优点。其实，电子邮件的安全需求也是机密、完整、认证和不可否认，而这些都可以利用 PKI 技术来满足。具体来说，利用数字证书和私钥，用户可以对其所发的电子邮件进行数字签名，这样就可以保证电子邮件的可认证性、完整性和不可否认性。如果证书是由用户所属公司或某一可信任的第三方颁发的，那么收到电子邮件的人就可以信任该电子邮件，而不用管其是否认识发送电子邮件的人。在政策和法律允许的情况下，也可以用加密的方法保障信息的保密性。目前发展很快的 S/MIME 协议就是一种允许发送加密和有签名电子邮件的协议，该协议的实现需要依赖 PKI 技术。

（3）Web 安全。浏览 Web 页面是人们常用的访问 Internet 的方式。但通过 Web 页面提交数据或进行交易则可能存在如下安全问题。

① 诈骗。建立网站是一件很容易的事情，有人甚至直接复制别人的页面当作自己网站的页面。因此，不法分子要伪装出一个商业机构的网站页面非常简单，此后他们就可以通过该网站让访问者填写一份详细的注册资料，从而骗取访问者的隐私信息。调查显示，电子邮件地址和信用卡号的泄露大多如此。

② 泄露。当交易的信息在网络上传播时，窃听者可以很容易地截取并提取其中的敏感信息。没

有办法确定一封电子邮件是否真的来自某人，也就是说，发信者的身份可能会被人伪造。

③ 篡改。截取了信息的人还可以做一些更"高明"的工作，其可以替换其中某些域的值，如姓名、信用卡号甚至金额，以达到自己的目的。

④ 攻击。这主要是对 Web 服务器的攻击，如著名的分布式拒绝服务（Distributed Denial of Service，DDOS）攻击。攻击的发起者可以是心怀恶意的个人，也可以是同行竞争者。

为了透明地解决 Web 的安全问题，合适的入手点是浏览器。现在，无论是 IE 还是 Netscape Navigator，都支持安全套接字层（Secure Socket Layer，SSL）协议。SSL 是传输层和应用层之间的安全通信层，在两个实体进行通信之前，先要建立 SSL 连接，以此实现对应用层透明的安全通信。利用 PKI 技术，SSL 协议允许在浏览器和服务器之间进行加密通信。此外，还可以利用数字证书保证通信安全，服务器端和浏览器端分别由可信任的第三方颁发数字证书，在交易时，双方可以通过数字证书确认对方的身份。需要注意的是，SSL 协议本身并不能提供对不可否认性的支持，这部分的工作必须由数字证书完成。结合 SSL 协议和数字证书，PKI 技术可以满足 Web 交易多方面的安全需求，使 Web 上的交易和面对面的交易一样安全。

（4）电子商务的应用。PKI 技术是解决电子商务安全问题的关键，综合 PKI 的各种应用，可以建立一个可信任和足够安全的网络。其中有可信任的认证中心，典型的如银行、政府或其他第三方。在通信中，利用数字证书可消除匿名带来的风险，利用加密技术可消除开放网络带来的风险，这样，商业交易就可以安全、可靠地在网络上进行了。

网上商业行为只是 PKI 技术目前比较热门的一种应用。如今 PKI 还是一门处于发展中的技术，例如，除了对身份认证的需求外，现在又提出了对交易时间戳的认证需求。PKI 的应用前景也绝不仅限于网上商业行为，事实上，网络生活中的方方面面都是 PKI 的应用天地，不止在有线网络，在无线通信中，PKI 技术也已经得到了广泛的应用。

10.1.3　数字证书及其应用

随着互联网的不断发展，电子商务系统、电子银行以及其他的电子服务变得越来越普遍。与此同时，由于计算机网络的开放性和共享性，安全问题也不断出现。为了保证各种信息的安全性，数字证书提供了一种网上身份认证的网络安全技术。

数字证书是由 CA 颁发的，能够在网络中证明用户身份的权威电子文件。它是用户身份及其公钥的有机结合，同时会附上认证的签名信息，使其不能被伪造和篡改。以数字证书为核心的加密技术可以对互联网中传输的信息进行加解密、数字签名和验证签名，确保了信息的机密性和完整性，因此数字证书广泛应用于安全电子邮件、安全终端保护、可信网站服务、身份授权管理等安全领域。

1. 数字证书的基本内容

最简单的数字证书包括所有者的公钥、名称及认证机构的数字签名。通常情况下，数字证书还包括证书的序列号、密钥的有效时间、认证机构名称等信息。目前常用的数字证书是 X.509 格式的，它包括以下几项基本内容。

（1）证书的版本信息。

（2）证书的序列号，这个序列号在同一个证书机构中是唯一的。

（3）证书的认证机构名称。

（4）证书所采用的签名算法名称。

（5）证书的有效时间。

（6）证书所有者的名称。

（7）证书所有者的公钥信息。

（8）证书认证机构对证书的签名。

　　从基于数字证书的应用角度进行分类时，数字证书可以分为电子邮件证书、服务器证书、客户端个人证书。电子邮件证书用来证明电子邮件发件人的真实性，收到具有有效数字签名的电子邮件时，除了能相信电子邮件确实由指定的邮箱发出外，还可以确信该电子邮件从被发出后没有被篡改过。服务器证书被安装于服务器设备上，用来证明服务器的身份和进行通信加密。而客户端个人证书主要被用来进行客户端的身份认证和数字签名。

　　在 IE 浏览器的"Internet 选项"对话框中选择"内容"选项卡，单击"证书"按钮，弹出"证书"对话框，从中可以查看本机已经安装的数字证书，如图 10.1 所示。

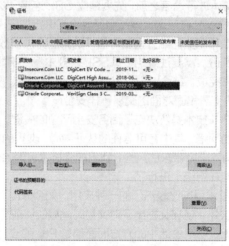

图 10.1　本机已经安装的数字证书

　　选择某一个证书，单击"查看"按钮，弹出"证书"对话框，可以查看证书的常规信息、详细信息等，如图 10.2 和图 10.3 所示。

图 10.2　证书的常规信息

图 10.3　证书的详细信息

2. 数字证书的应用

　　数字证书主要应用于各种需要身份认证的场合，除目前广泛应用的网上银行、网上交易等商务应用领域外，数字证书还可以应用于发送安全电子邮件、加密文件等，以下是数字证书常用的几个应用实例，从中读者可以更好地了解数字证书技术及其应用。

V10-3　数字证书
的应用

（1）保证网上银行的安全

只要用户申请并使用了银行提供的数字证书，就可保证网上银行业务的安全，即使黑客窃取了用户的账户及密码，但其没有用户的数字证书，无法进入用户的网上银行账户。

（2）通过证书防范网站被假冒

目前许多著名的电子商务网站使用数字证书来维护和证实信息安全。为了防范黑客假冒网站，可以申请一个服务器证书，并在网站上安装服务器证书。安装成功后，在网站醒目位置将显示"VeriSign 安全站点"签章，并提示单击验证此签章。只要单击此签章，就会连接 VeriSign 全球数据库验证网站信息，并显示真实站点的域名信息以及该站点服务器证书的状态，这样别人即可知道该网站使用了服务器证书，是一个真实、安全的网站，可以放心地在网站上进行交易或提交重要信息。

（3）发送安全邮件

数字证书常见的应用就是发送安全邮件，即利用安全邮件数字证书对电子邮件进行签名和加密，这样既可保证发送的签名邮件不会被篡改，又可使外人无法阅读加密邮件的内容。

（4）保护 Office 文档安全

Office 可以通过数字证书来确认来源是否可靠，用户可以利用数字证书对 Office 文件或宏文件进行数字签名，从而确保它们都是用户编写的、没有被他人或病毒篡改过。

（5）防止网上投假票

目前，网上投票一般采用限制投票 IP 地址的方法来防范作假行为，但是用户断线后重新上网时会拥有一个新 IP 地址，因此只要不断上网和下网，即可重复投票。为了杜绝此类造假行为，建议在进行网上投票时使用数字证书技术，要求每个投票者都安装并使用数字证书，在投票前进行数字签名，没有签名的投票一律视为无效。每个人的数字签名都是唯一的，即使不断上网、下网，同一个用户每次投票的数字签名也都相同，因此无法再投假票。

（6）屏蔽插件安装窗口

众所周知，在使用 IE 浏览器上网时，经常会要求用户安装各种插件，如 IE 搜索伴侣、百度等。有些用户需要安装这些插件，但如果用户不想安装它们，这些插件安装窗口就会使人非常烦恼。其实使用 Windows 的证书机制，把插件的证书安装到"非信任区域"，就可屏蔽这些插件的安装窗口。

10.2　数字签名

在计算机网络中进行通信时，不像书信或文件传输那样可以通过亲笔签名或印章来确认对方身份。经常会发生这样的情况：发送方不承认自己发送过某一个文件；接收方伪造一份文件，声称其是发送方发送的；接收方对接收到的文件进行篡改；等等。那么，如何对网络中传输的文件进行身份认证呢？这就是数字签名所要解决的问题。

10.2.1　数字签名概述

数字签名（又称公钥数字签名）是只有信息的发送者才能生成的、别人无法伪造的一段数字，这段数字同时是对信息发送者所发送信息真实性的有效证明。它是一种类似写在纸上的普通的物理签名，使用了公钥加密领域的技术来实现，它是用于鉴别数字信息的方法。一套数字签名通常定义了两种互补的运算：一个用于签名，另一个用于验证。数字签名是非对称密钥加密技术与数字摘要技术的应用。

数字签名类似于纸张上的手写签名，但手写签名可以模仿，数字签名则无法伪造。数字签名是附加在报文中的一些数据，这些数据只能由报文的发送方生成，其他人无法伪造。通过数字签名，接收方可以验证发送方的身份，并验证签名后的报文是否被修改过。因此，数字签名是一种实现信息不可否认性和身份认证的重要技术。

1. 数字签名的特点

V10-4　数字签名
的特点

每个人都有一对"钥匙"（数字身份），其中一个只有他本人知道（私钥），另一个是公开的（公钥）。签名的时候使用私钥，验证签名的时候使用公钥。因为任何人都可以落款声称他就是用户，所以公钥必须由接收方信任的人（身份认证机构）来注册。注册后，身份认证机构给用户发送一个数字证书。对文件签名后，发送方把此数字证书连同文件及签名一起发给接收方，接收方向身份认证机构求证该文件是否为真实私钥签发的文件。

在通信中使用数字签名一般具有以下特点。

（1）鉴权

公钥加密系统允许任何人在发送信息时使用公钥进行加密，在接收信息时使用私钥解密。当然，接收方不可能百分之百地确信发送方的真实身份，而只能在密码系统未被破译的情况下才有理由确信。

鉴权的重要性在财务数据上表现得尤为突出。例如，一家银行将指令由其分行传输到中央管理系统，指令的格式是（a，b），其中 a 是账户的账号，而 b 是账户的现有金额。此时，一位远程客户可以先存入 100 元，观察传输的结果，再接二连三地发送格式为（a，b）的指令，而偷窃存款这种方法被称作重放攻击。

（2）完整性

传输数据的双方都希望能知道消息在传输的过程中是否被修改过。虽然加密使得第三方想要读取数据变得十分困难，但是第三方仍然能采取可行的方法在传输的过程中修改数据，而数字签名就可以验证数据的完整性。

（3）不可抵赖性

在密文背景下，"抵赖"这个词指的是不承认与消息有关的举动（即声称消息来自第三方）。消息的接收方可以通过数字签名来防止所有后续的抵赖行为，因为接收方可以出示签名以证明信息的来源。

2. 数字签名的主要功能

网络的安全主要是网络信息安全，数字签名机制作为保障网络信息安全的手段之一，可以解决伪造、抵赖、冒充和篡改问题。数字签名的目的之一就是在网络环境下代替传统的手动签字与印章，有着重要作用。

数字签名的主要功能如下。

（1）防冒充（伪造）

因为私钥只有签名者自己知道，所以其他人不可能进行伪造。

（2）可鉴别身份

传统的手动签名一般是双方直接见面时进行的，因此身份明确。在网络环境下，接收方通过数字签名能够鉴别发送方所宣称的身份。

（3）防篡改（保证信息的完整性）

对于传统的手动签名，假如要签署一份 200 页的合同，如果仅在合同末尾签名，那么合同中间部分可能会被偷换，无法保证其不被篡改。而对于数字签名，签名与原有文件已经形成一个混合的整体数据，不可能被篡改，从而保证了数据的完整性。

（4）防重放

在数字签名中，如果对签名报文采用了添加流水号、时间戳等技术，则可以防止重放攻击。

（5）防抵赖

如前所述，数字签名可以鉴别身份，不可能被冒充伪造，那么只要保存好签名的报文，就好似保存好了手动签署的合同文本，也就保留了证据，签名者也就无法抵赖了。如果接收方确已收到对方的签名报文，却抵赖没有收到呢？在数字签名体制中，要预防接收方的抵赖，需要求接收方在收到信息后，返回一个自己签名的表示收到的报文给发送方或者第三方。

（6）机密性（保密性）

手动签名的文件（如同文本）是不具备保密性的，文件一旦丢失，其中的信息就极可能泄露。数字签名可以加密要签名的消息，当然，如果签名的报文不要求机密性，也可以不用加密。

数字签名技术将摘要信息用发送方的私钥加密，与原文一起传送给接收方。接收方用自己的公钥解密被加密的摘要信息，并用哈希函数将收到的原文的摘要信息与解密的摘要信息进行对比。如果相同，则说明收到的信息是完整的，在传输过程中没有被修改，否则说明信息被修改过，因此数字签名能够验证信息的完整性。数字签名是加密的过程，数字签名验证是解密的过程。

10.2.2 数字签名的实现方法

一个完善的数字签名应该解决以下 3 个问题。

（1）接收方能够核实发送方的报文的签名，如果当事双方对签名真伪发生争议，则应该能够在第三方的监督下通过验证签名来确认其真伪。

（2）发送方事后不能否认自己对报文的签名。

（3）任何人都不能伪造发送方签名，也不能对接收或发送的信息进行篡改、伪造。

在公钥密码体系中，数字签名是通过私钥加密报文信息来实现的，其安全性取决于密码体系的安全性。现在经常采用公开密钥加密算法实现数据签名，特别是 RSA 算法。

下面简单地介绍一下数字签名的实现思想。

假设发送方 A 要发送一个报文信息 S 给接收方 B，那么 A 采用私钥 SKA 对报文 S 进行解密运算（可以把这里的解密看作一种数学运算，而不是一定要经过加密运算的报文才能进行解密。这里 A 并非为了加密报文，而是为了实现数字签名），实现对报文的签名，并将结果 $D_{SKA}(S)$ 发送给接收方 B。B 在接收到 $D_{SKA}(S)$ 后，采用已知的 A 的公钥 PKA 对报文进行加密运算，就可以得到 $S=E_{PKA}(D_{SKA}(S))$，核实签名，其实现过程如图 10.4 所示。

图 10.4 数字签名的实现过程

对上述过程的分析如下。

（1）因为除了 A 外没有其他人知道 A 的私钥 SKA，除了 A 外没有人能生成 $D_{SKA}(S)$，所以 B 相信报文 $D_{SKA}(S)$ 是 A 签名后发送出来的。

（2）如果 A 否认报文 S 是其发送的，那么 B 可以将 $D_{SKA}(S)$ 和报文 S 在第三方面前出示，第三方很容易利用已知的 A 的公钥 PKA 证实报文 S 确实是 A 发送的。

（3）如果 B 对报文 S 进行篡改而伪造为 M，那么 B 无法在第三方面前出示 D_{SKA}（M），这就证明 B 伪造了报文。

上述过程实现了对报文 S 的数字签名，但报文 S 并没有被加密，如果在通信过程中其他人截获了报文 D_{SKA}（S），并知道了发送方的身份，就可以通过查阅文档得到发送方的公钥 PKA，从而获取报文的内容。

为了使报文在传输过程中实现加密，采用如下方法：在将报文 D_{SKA}（S）发送出去之前，先用 B 的公钥 PKB 对报文进行加密；B 在接收到报文后，先用私钥 SKB 对报文进行解密，再验证签名，这样可以达到加密和数字签名的双重效果,实现具有保密性的数字签名，其实现过程如图 10.5 所示。

图 10.5　具有保密性的数字签名的实现过程

数字签名有两个功效：一个是能确定消息确实是由发送方签名并发出的，因为别人假冒不了发送方的签名；另一个是能确定消息的完整性，因为数字签名的特点是它代表了文件的特征，文件如果发生改变，数字摘要的值也将发生变化。

不同的文件将得到不同的数字摘要。一次数字签名涉及一个哈希函数、接收方的公钥、发送方的私钥。

在实际应用中，通常结合使用数字签名和消息摘要的方法，先采用哈希函数对明文 S 进行变换，得到对应的消息摘要，再利用发送方的私钥对该消息摘要进行签名。这种做法在保障信息不可否认性的同时进行了信息完整性的验证。

目前，数字签名技术在商业活动中得到了广泛应用，所有需要手动签名的地方都可以使用数字签名。例如，银行的网上银行系统大量地使用了数字签名来认证用户的身份。随着计算机网络和 Internet 在人们生活中所占地位的逐步提高，数字签名将成为人们生活中非常重要的一部分。

10.3　技能实践

若使用 Windows Server 2019 的 AD CS 来提供 CA 服务，则可以选择将 CA 设置为以下角色之一。

（1）企业根 CA（Enterprise Root CA）。它需要 Active Directory 域，可以将企业根 CA 安装到域控制器或成员服务器上。它发放证书的对象仅限于域用户，当域用户申请证书时，企业根 CA 会从 AD 中得知该用户的账户信息并决定该用户是否有权利申请所需证书。企业根 CA 主要用于发放证书给从属 CA，虽然企业根 CA 还可以发放保护电子邮件安全、网站 SSL 连接等证书，但应该将发放这些证书的工作交给企业从属 CA 来负责。

（2）企业从属 CA（Enterprise Subordinate CA）。企业从属 CA 也需要 Active Directory 域，企业从属 CA 适合用来发放保护电子邮件安全、网站 SSL 连接等证书。企业从属 CA 必须在从其父

CA 处取得证书之后才能正常工作。企业从属 CA 也可以发放证书给下一层的从属 CA。

（3）独立根 CA（Standalone Root CA）。独立根 CA 类似于企业根 CA，但不需要 Active Directory 域，扮演独立根 CA 角色的计算机可以是独立服务器、成员服务器或域控制器。无论是否为域用户，都可以向独立根 CA 申请证书。

（4）独立从属 CA（Standalone Subordinate CA）。独立从属 CA 类似于企业从属 CA，但它不需要 Active Directory 域，扮演独立从属 CA 角色的计算机可以是独立服务器、成员服务器或域控制器。无论是否为域用户，都可以向独立从属 CA 申请证书。

10.3.1 规划部署 CA 服务器

在部署 CA 服务器之前，读者需要了解实例部署的项目规划需求和实训环境。

1. 项目规划

实现网站 SSL 连接访问，部署 CA 服务器的网络拓扑结构图如图 10.6 所示。

图 10.6　部署 CA 服务器的网络拓扑结构图

在部署 CA 服务器之前需完成如下配置。

（1）在服务器 server-01 上部署域环境，域名为 abc.com。

（2）设置 CA 服务器的 TCP/IP 属性，如设置其 IP 地址、子网掩码、默认网关和 DNS 服务器的 IP 地址等相关信息。

（3）设置 CA 客户端的 TCP/IP 属性，如设置其 IP 地址、子网掩码、默认网关和 DNS 服务器的 IP 地址等相关信息。

2. 环境部署

CA 服务器的主机名为 server-01，该主机既是域控制器、DNS 服务器、Web 服务器，又是 CA 服务器，连接外部网络网卡的 IP 地址为 192.168.100.100/24，默认网关为 192.168.100.2。

CA 客户端（Web 客户端）win10-user01 的 IP 地址为 192.168.100.10/24，网关为 192.168.100.2。

10.3.2 安装证书服务并部署独立根 CA

在域控制器 server-01 上，安装证书服务并部署独立根 CA 的具体操作步骤如下。

1. 安装证书服务

（1）以管理员账户登录域控制器 server-01，打开"服务器管理器"窗口，选择"管理"

→"添加角色和功能"命令，打开"添加角色和功能向导"窗口，持续单击"下一步"按钮，直到进入"选择服务器角色"界面，如图 10.7 所示，勾选"Active Directory 证书服务"复选框，在弹出的"添加角色和功能"对话框中单击"添加功能"按钮。如果没有安装 Web 服务器（IIS），则可在此选择一并安装。

（2）持续单击"下一步"按钮，直到进入"选择角色服务"界面，在"角色服务"列表框中，勾选"证书颁发机构""证书颁发机构 Web 注册""证书注册 Web 服务""证书注册策略 Web 服务"复选框，如图 10.8 所示，在随后弹出的对话框中单击"添加功能"按钮，持续单击"下一步"按钮，直到进入确认安装所选内容界面，单击"安装"按钮。安装完成后，单击"关闭"按钮，重新启动计算机。

图 10.7 "选择服务器角色"界面　　　　图 10.8 "选择角色服务"界面

2. 部署独立根 CA

部署独立根 CA 的具体操作步骤如下。

（1）打开"服务器管理器"窗口，在"仪表板"右侧单击黄色正三角形图标，弹出"部署后配置"对话框，如图 10.9 所示，单击"配置目标服务器上的 Active Directory 证书服务"链接，打开"AD CS 配置"窗口，如图 10.10 所示。

图 10.9 "部署后配置"对话框　　　　图 10.10 "AD CS 配置"窗口

（2）单击"下一步"按钮，进入"角色服务"界面，如图 10.11 所示，勾选"证书颁发机构""证书颁发机构 Web 注册""证书注册策略 Web 服务"复选框，单击"下一步"按钮，进入"设置类型"界面，如图 10.12 所示。

（3）单击"独立 CA"单选按钮，单击"下一步"按钮，进入"CA 类型"界面，如图 10.13 所示，单击"根 CA"单选按钮，单击"下一步"按钮，进入"私钥"界面，如图 10.14 所示。

图 10.11 "角色服务"界面

图 10.12 "设置类型"界面

图 10.13 "CA 类型"界面

图 10.14 "私钥"界面

（4）单击"创建新的私钥"单选按钮，单击"下一步"按钮，进入"CA 的加密"界面，如图 10.15 所示，单击"下一步"按钮，进入"CA 名称"界面，如图 10.16 所示。

图 10.15 "CA 的加密"界面

图 10.16 "CA 名称"界面

（5）指定 CA 名称，单击"下一步"按钮，进入"有效期"界面，如图 10.17 所示，指定有效期，CA 的有效期默认为 5 年，单击"下一步"按钮，进入"CA 数据库"界面，如图 10.18 所示。

图 10.17 "有效期"界面　　　　　　图 10.18 "CA 数据库"界面

（6）指定数据库的位置，单击"下一步"按钮，进入"CEP 的身份验证类型"界面，如图 10.19 所示，单击"Windows 集成身份验证"单选按钮，单击"下一步"按钮，进入"服务器证书"界面，如图 10.20 所示。

图 10.19 "CEP 的身份验证类型"界面　　　　图 10.20 "服务器证书"界面

（7）单击"为 SSL 加密选择现有证书（推荐）"单选按钮，指定服务器身份验证证书，单击"下一步"按钮，进入"确认"界面，如图 10.21 所示，单击"配置"按钮，显示进度安装过程，最后进入"结果"界面，如图 10.22 所示，单击"关闭"按钮，完成独立根 CA 的配置。

图 10.21 "确认"界面　　　　　　　　图 10.22 "结果"界面

（8）打开"服务器管理器"窗口，选择"工具"→"证书颁发机构"命令，打开"certsrv-[证书颁发机构（本地）]"窗口，如图 10.23 所示。

图 10.23 "certsrv-[证书颁发机构（本地）]"窗口

3. DNS 服务器配置与测试网站准备

DNS 配置与测试网站准备的具体操作步骤如下。

（1）在域控制器 server-01 上配置 DNS 服务器，相应操作可参见 5.2.2 小节，这里不赘述，如图 10.24 所示。新建网站 SSL-test-01，相应操作可参见 7.2.2 小节，这里不赘述，如图 10.25 所示。

图 10.24 配置 DNS 服务器

图 10.25 新建网站 SSL-test-01

（2）为了测试 SSL-test-01 网站是否正常，在网站主目录（D:\web）下创建 index.html 首页文件，文件内容为"welcome to here!"，在 Web 客户端上进行访问测试，如图 10.26 所示。

图 10.26 测试 SSL-test-01 网站

10.3.3 配置客户端计算机浏览器信任 CA

如果需要客户端能够鉴别所访问的网站是否合法，Web 服务器就需要向可信任的 CA 申请服务器证书并安装绑定到 Web 网站，客户端计算机同该可信任的 CA 建立信任关系后，由于 Web 站点的服务器证书是由可信任的 CA 数字签名并验证的，客户端与服务器之间建立了信任证书链关系，即客户端认为该 Web 网站是可信的，具体操作步骤如下。

（1）以管理员账户登录域控制器 server-01，正确配置 DNS 服务器与 Web 网站，开启默认 Web 站点（Default Web Site）。

（2）在客户端计算机（win10-user01）上打开 IE 浏览器，并在其地址栏中输入 URL "http://192.168.100.100/certsrv"，按 "Enter" 键，打开 "Microsoft Active Directory 证书服务" 窗口，如图 10.27 所示。其中，192.168.100.100 为独立根 CA 的 IP 地址，此处也可改为 CA 的 DNS 主机名（http://DNS1.abc.com/certsrv）。单击 "下载 CA 证书、证书链或 CRL" 链接，进入 "下载 CA 证书、证书链或 CRL" 页面，单击 "下载 CA 证书" 链接，在弹出的提示对话框中单击 "保存" 按钮右侧的下拉按钮，在下拉列表中选择 "另存为" 选项，如图 10.28 所示，将证书下载到本地 C:\cert 文件夹中，其默认文件名为 certnew.cer。

图 10.27　"Microsoft Active Directory 证书服务" 窗口

图 10.28　选择 "另存为" 选项

（3）按 "Win+R" 组合键，弹出 "运行" 对话框，输入 mmc 命令，单击 "确定" 按钮，打开 "控制台 1-[控制台根节点]" 窗口，选择 "文件"→"添加/删除管理单元" 命令，如图 10.29 所示，弹出 "添加或删除管理单元" 对话框，如图 10.30 所示。

图 10.29　"控制台 1-[控制台根节点]" 窗口

图 10.30　"添加或删除管理单元" 对话框

（4）在 "可用的管理单元" 列表框中选择 "证书" 选项，单击 "添加" 按钮，弹出 "证书管理单元" 对话框，如图 10.31 所示，单击 "计算机账户" 单选按钮，单击 "下一步" 按钮，弹出 "选择计算机" 对话框，单击 "本地计算机（运行此控制台的计算机）" 单选按钮，如图 10.32 所示，单击 "完成" 按钮，返回 "控制台 1-[控制台根节点]" 窗口。

图 10.31 "证书管理单元"对话框　　　　图 10.32 "选择计算机"对话框

（5）在"控制台 1-[控制台根节点]"窗口中，选择"控制台根节点"→"证书（本地计算机）"→"受信任的根证书颁发机构"→"证书"选项并单击鼠标右键，在弹出的快捷菜单中选择"所有任务"→"导入"命令，如图 10.33 所示，弹出"证书导入向导"对话框，如图 10.34 所示。

图 10.33 选择"导入"命令　　　　图 10.34 "证书导入向导"对话框

（6）单击"下一步"按钮，进入"要导入的文件"界面，如图 10.35 所示，选择要导入文件的路径，单击"下一步"按钮，进入"证书存储"界面，如图 10.36 所示。

图 10.35 "要导入的文件"界面　　　　图 10.36 "证书存储"界面

（7）单击"将所有的证书都放入下列存储"单选按钮，单击"下一步"按钮，进入"正在完成证书导入向导"界面，如图 10.37 所示，单击"完成"按钮，弹出"导入成功"提示对话框，如图 10.38 所示。

图 10.37 "正在完成证书导入向导"界面   图 10.38 "导入成功"提示对话框

（8）单击"确定"按钮，返回"控制台 1-[控制台根节点]"窗口，选择"控制台根节点"→"证书（本地计算机）"→"受信任的根证书颁发机构"→"证书"选项，在右侧窗格中可以查看刚刚导入的证书 abc-SERVER-01-CA，如图 10.39 所示。

图 10.39 查看刚刚导入的证书 abc-SERVER-01-CA

10.3.4 在 Web 服务器上配置证书服务

Web 网站与运行浏览器的客户端计算机（win10-user01）都应该信任发放 SSL 证书的 CA，否则浏览器在利用 https（SSL）连接网站时会弹出警告信息。在 Web 服务器上配置证书服务的具体操作步骤如下。

1. 在网站上创建证书申请文件

（1）以管理员账户登录域控制器 server-01，打开"服务器管理器"窗口，选择"工具"→"Internet Information Services（IIS）管理器"命令，打开"Internet Information Services（IIS）管理器"窗口，选择"SERVER-01（ABC\Administrator）"选项，在右侧窗格中选择"服务器证书"选项，如图 10.40 所示，双击"服务器证书"选项，进入"服务器证书"界面，如图 10.41 所示。

图 10.40　选择"服务器证书"选项

图 10.41　"服务器证书"界面

（2）在"操作"选项组中单击"创建证书申请"链接，弹出"申请证书"对话框，指定证书的必需信息（注：此处的通用名称一定要与需要保护的 Web 网站的名称一致，即"DNS1.abc.com"），如图 10.42 所示，单击"下一步"按钮，进入"加密服务提供程序属性"界面，如图 10.43 所示。

图 10.42　"申请证书"对话框

图 10.43　"加密服务提供程序属性"界面

（3）单击"下一步"按钮，进入"文件名"界面，为证书申请指定文件名与存储位置，如图 10.44 所示，单击"完成"按钮，完成证书申请。

2. 申请证书与下载证书

（1）以管理员账户登录域控制器 server-01，打开"服务器管理器"窗口，选择"本地服务器"选项，在右侧窗格中，选择"IE 增强的安全配置"选项，单击"启动"按钮，弹出"Internet Explorer 增强的安全配置"对话框，在"管理员"选项组中单击"关闭"单选按钮，如图 10.45 所示。

（2）打开 IE 浏览器，并在其地址栏中输入 URL"http://192.168.100.100/certsrv"，按"Enter"键，打开"Microsoft Active Directory 证书服务"窗口，单击"申请证书"→"高级证书申请"链接，进入"高级证书申请"界面，如图 10.46 所示。

（3）在开始下一个步骤之前，先利用记事本打开前面的证书申请文件"D:\cert\web-cert.txt"，再复制整个文件的内容，如图 10.47 所示。

（4）在"高级证书申请"界面中，单击"使用 base64 编码的 CMC……"链接，进入"提交一个证书申请或续订申请"界面，将复制的证书申请文件内容粘贴到"保存的申请"列表框中，如图 10.48 所示，单击"提交"按钮，进入"证书正在挂起"界面，如图 10.49 所示。

（5）因为独立根 CA 默认不会自动颁发证书，所以需要等待 CA 系统管理员发放此证书后，再连接 CA 下载证书，该证书 ID 为 2。

图 10.44 "文件名"界面

图 10.45 "Internet Explorer 增强的安全配置"对话框

图 10.46 "高级证书申请"界面

图 10.47 复制证书申请文件"D:\cert\web-cert.txt"
的内容

图 10.48 "提交一个证书申请或续订申请"界面

图 10.49 "证书正在挂起"界面

（6）打开"服务器管理器"窗口，选择"工具"→"证书颁发机构"命令，选择"证书颁发机构（本地）"→"abc-SERVER-01-CA"→"挂起的申请"选项，在右侧窗格中选择证书请求并单击鼠标右键，在弹出的快捷菜单中选择"所有任务"→"颁发"命令，如图 10.50 所示。该证书由"挂起的申请"文件夹移动到"颁发的证书"文件夹中，选择"颁发的证书"选项，查看颁发的证书，如图 10.51 所示。

图 10.50　选择"颁发"命令

图 10.51　查看颁发的证书

（7）回到域控制器 server-01 上，打开 IE 浏览器，并在其地址栏中输入 URL "http://192.168. 100.100/certsrv"，按"Enter"键，打开"Microsoft Active Directory 证书服务"窗口，单击"查看挂起的证书申请的状态"链接，进入"查看挂起的证书申请的状态"界面，如图 10.52 所示，单击"保存的申请证书……"链接，进入"证书已颁发"界面，单击"Base 64 编码"单选按钮，单击"下载证书"链接，在弹出的提示对话框中单击"保存"按钮，如图 10.53 所示，将证书保存到本地，其默认文件名为 certnew.cer。

图 10.52　查看挂起的证书申请的状态

图 10.53　下载证书

3. 安装证书

将从 CA 下载的证书安装到 server-01 上，具体操作步骤如下。

（1）打开"服务器管理器"窗口，选择"工具"→"Internet Information Services（IIS）管理器"命令，打开"Internet Information Services（IIS）管理器"窗口，选择"SERVER-01（ABC\Administrator）"选项，在右侧窗格中双击"服务器证书"选项，进入"服务器证书"界面，如图 10.54 所示，在"操作"选项组中单击"完成证书申请"链接，弹出"完成证书申请"对话框，如图 10.55 所示。

图 10.54　"服务器证书"界面

图 10.55　"完成证书申请"对话框

　　（2）设置包含证书颁发机构响应的文件名和易记名称，单击"确定"按钮，返回"服务器证书"界面，完成证书申请，如图 10.56 所示。选择 SSL-test-01 网站，在右侧窗格中，单击"绑定"链接，弹出"网站绑定"对话框，单击"添加"按钮，弹出"添加网站绑定"对话框，在"类型"下拉列表中选择"https"选项，输入 IP 地址、端口和主机名，在"SSL 证书"下拉列表中选择"DNS1.abc.com"选项，如图 10.57 所示。

图 10.56　完成证书申请

图 10.57　添加网站绑定

　　（3）单击"确定"按钮，返回"网站绑定"对话框，如图 10.58 所示，单击"关闭"按钮，返回"Internet Information Services（IIS）管理器"窗口，如图 10.59 所示。

图 10.58　"网站绑定"对话框

图 10.59　"Internet Information Services（IIS）管理器"窗口

4. 测试 SSL 连接（win10-user01）

　　测试 SSL 连接的具体操作步骤如下。

　　（1）在"Internet Information Services（IIS）管理器"窗口中，选择"SSL-test01"选项，在"操作"选项组中单击"http://DNS1.abc.com"链接，打开"http://DNS1.abc.com"网站窗口，如图 10.60 所示，单击"192.168.100.100"链接，打开"https://192.168.100.100"网站窗口，如图 10.61 所示，可以进入警告界面，表示这台客户端主机（win10-user01）并未信任发放 SSL 证书的 CA。

　　（2）系统默认不强制客户端利用 https 的 SSL 方式来连接网站，因此也可以通过 http 方式来连接网站。若要采取强制方式，则可以针对整个网站、单一文件夹或单一文件进行设置，以 SSL-test01 网站为例，选择"SSL-test01"网站，在右侧窗格中双击"SSL 设置"选项，进入"SSL 设置"界面，勾选"要求 SSL"复选框，单击"操作"选项组中的"应用"链接，如图 10.62 所示，此时再访

问 "http://DNS1.abc.com" 网站，可以看到已经无法访问，因为需要 SSL 链接，如图 10.63 所示。

图 10.60 "http://DNS1.abc.com" 网站窗口

图 10.61 "https://192.168.100.100" 网站窗口

图 10.62 "SSL 设置" 界面

图 10.63 无法访问 "http://DNS1.abc.com" 网站

（3）打开 IE 浏览器，访问 "https://DNS1.abc.com" 网站，如果此时进入 "不匹配的地址" 警告界面，如图 10.64 所示，则表示这台客户端主机（win10-user01）并未信任发放 SSL 证书的 CA，此时仍然可以单击下方的 "转到此网页（不推荐）" 链接来打开网页。在浏览器地址栏中输入 "https://DSN1.abc.com"，正常访问网站情况如图 10.65 所示。

图 10.64 "不匹配的地址" 警告界面

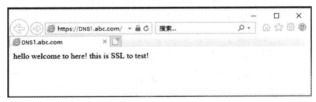

图 10.65 正常访问网站的情况

//////// 课后实训

某公司为了实现 Web 网站的安全管理，需要部署 CA 服务器，其具体要求如下。

（1）配置服务器 server-01 的 TCP/IP 属性，如设置 IP 地址、子网掩码、默认网关和 DNS 服务器的 IP 地址等相关信息。

（2）在服务器 server-01 上部署域环境，部署 DNS 服务器，域名为 xyz.com。

（3）在服务器 server-01 上安装证书服务，部署独立根 CA。

（4）配置 Windows 10 客户端主机的 TCP/IP 属性，设置 IP 地址、子网掩码、默认网关和 DNS 服务器 IP 地址等相关信息。

（5）配置客户端计算机浏览器信任 CA，并进行相关测试。

请按照上述要求做出合适的配置，以检查学习效果。

本章小结

本章包含 3 节。

10.1　公钥基础设施和数字证书，主要讲解 PKI 的定义及组成，包括 CA、数字证书库、密钥备份及恢复系统、证书作废系统及 API；PKI 技术的优势与应用；数字证书及其应用等相关理论知识。

10.2　数字签名，主要讲解数字签名的基础知识，包括数字签名的特点、数字签名的主要功能，以及数字签名的实现方法等相关理论知识。

10.3　技能实践，主要讲解规划部署 CA 服务器，包括项目规划及环境部署；安装证书服务并部署独立根 CA，包括安装证书服务、部署独立根 CA 以及 DNS 服务器配置与测试网站准备；配置客户端计算机浏览器信任 CA；在 Web 服务器上配置证书服务，包括在网站上创建证书申请文件、申请证书与下载证书、安装证书及测试 SSL 连接等相关知识技能。

课后习题

1. 填空题

（1）PKI 的中文名称是（　　　）。

（2）（　　　）负责数字证书的生成、发放和管理，通过证书将用户的公钥和其他标识信息绑定起来，可以确认证书持有人的身份。

（3）完整的 PKI 必须提供良好的（　　　），使得各种各样的应用能够以安全、一致、可信的方式与 PKI 交互，确保安全网络环境的完整性和易用性。

2. 简答题

（1）简述 PKI 的定义及组成。

（2）简述 PKI 技术的优势及其应用。

（3）简述数字证书的应用。

（4）简述数字签名的特点。

（5）简述数字签名的主要功能。

（6）简述数字签名的实现方法。

第11章
远程桌面服务

本章主要讲解远程桌面服务基础知识和技能实践，包括远程桌面服务简介、RDS的组件及其功能介绍、安装RDS服务器角色、发布应用程序、在客户端使用RDWeb访问RDS服务器、远程桌面连接服务器等相关内容。

【知识目标】

- 掌握远程桌面服务基础知识。
- 掌握远程桌面服务的组件及其功能。

【能力目标】

- 掌握安装RDS服务器角色、发布应用程序、在客户端使用RDWeb访问RDS服务器的方法。
- 掌握远程桌面连接服务器的方法。

【素养目标】

- 培养职业精神、厚植职业理念，注重理实一体，践行知行合一。
- 树立团队互助、进取合作的意识。

11.1 远程桌面服务基础知识

在企业中部署大量的计算机，不仅投资大，维护起来也十分困难，在终端服务的基础上将桌面和应用程序虚拟化，可以极大地提高员工的工作效率，降低企业成本。

V11-1 远程桌面
服务简介

11.1.1 远程桌面服务简介

远程桌面服务（Remote Desktop Service，RDS）是微软公司的桌面虚拟化解决方案的统称。管理员在 RDS 服务器上集中部署应用程序，以虚拟化的方式为用户提供访问，用户不用再在自己的计算机上安装应用程序。

RDS 是云桌面技术之一，所有人共用一个操作系统。当用户在远程桌面调用位于 RDS 服务器上的应用程序时，应用程序就像在用户自己的计算机上运行一样，但实际上使用的是服务器的资源，即使用户计算机的配置较低也不会有影响，这样就节约了企业的成本，降低了维护成本和复杂性。

RDS 分为终端和中心服务器，中心服务器为终端提供服务及资源。

RDS 的终端主要包含如下类型。

（1）瘦客户端：一种小型计算机，没有高速的 CPU 和大容量的内存、没有硬盘，使用固化的小型操作系统，通过网络使用服务器的计算和存储资源。

（2）PC：通过安装并运行终端仿真程序，PC 可以连接并使用服务器的计算和存储资源。

（3）手机终端：一种手机无线网络收发端的简称，包含发射器（手机）、接收器（网络服务器）。使用手机通过远程桌面协议（Remote Desktop Protocol，RDP）远程连接 PC，只要输入相应的登录账号、密码、端口等信息，就可以控制家里或企业中的计算机并处理事务了。

RDS 是很流行的云桌面技术，其应用场景众多。RDS 是 RDP 的升级版，其所连接的 Windows 系统桌面的体验效果、稳定性、安全性总体都比 RDP 好。RDS 适合简单办公、教学、展厅、阅览室、图书馆等无软件兼容要求，且网络稳定的场景。

11.1.2 RDS 的组件及其功能介绍

RDS 包括 6 个组件，即远程桌面连接代理（Remote Desktop Connection Broker，RDCB）、远程桌面网关（Remote Desktop Gateway，RDG）、远程桌面 Web 访问（Remote Desktop Web Access、RDWA）、远程桌面虚拟化主机（Remote Desktop Virtualization Host，RDVH）、远程桌面会话主机（Remote Desktop Session Host，RDSH）及远程桌面授权服务器（Remote Desktop License Server，RDLS）。

V11-2 RDS 的组件及其功能介绍

（1）RDCB 负责管理到 RDSH 集合的传入远程桌面连接，以及控制到 RDVH 集合和 RemoteApp 的连接。

（2）RDG 使得来自互联网的用户可以安全地访问内部 Windows 桌面和应用程序。

（3）RDWA 为用户提供一个单一的 Web 入口，使得用户可以通过该入口访问 Windows 桌面和发布出来的应用程序。使用 RDWA 可以将 Windows 桌面和应用程序发布到各种 Windows 和非 Windows 客户端设备上，还可以选择性地发布到特定的用户组。

（4）RDVH 提供个人或池化 Windows 桌面宿主服务，使得用户可以像使用 PC 一样使用其上的虚拟机，可以提供管理员权限，给用户带来更高的自由度。

（5）RDSH 提供基于会话的远程桌面和应用程序集合，使得众多用户可以同时使用一台服务器，但用户不具备管理权限。

（6）RDLS 提供远程桌面连接授权，授权方式可以是"每设备"或"每用户"。在不激活授权服务器的情况下，提供 120 天试用期。过期后，客户端将不能再访问远程桌面。

除了以上 RDS 组件以外，根据不同的部署模型，还会应用到 SQL Server、File Server、网络负载平衡（Network Load Balancing，NLB）服务等。RDS 部署的前提条件是已安装 AD。

11.2 技能实践

部署 RDS 服务器的前提条件是已安装 AD，具体安装过程参见 2.2.1 小节，这里不赘述，安装好的 AD 的域名为 abc.com。将 RDS 服务器和客户端主机（win10-user01）加入 AD，客户端主机（win10-user01）加入 AD 的具体过程参见 2.2.2 小节，这里不赘述。

11.2.1 安装 RDS 服务器角色

安装 RDS 服务器角色的具体操作步骤如下。

（1）以管理员账户登录域控制器 server-01，打开"服务器管理器"窗口，选择"管理"→"添加角色和功能"命令，打开"添加角色和功能向导"窗口，单击"下一步"按钮，进入"选择安装类型"界面，如图 11.1 所示，单击"远程桌面服务安装"单选按钮，单击"下一步"按钮，进入"选择部署类型"界面，单击"快速启动"单选按钮，如图 11.2 所示。

图 11.1 "选择安装类型"界面

图 11.2 "选择部署类型"界面

（2）单击"下一步"按钮，进入"选择部署方案"界面，如图 11.3 所示，单击"基于会话的桌面部署"单选按钮，单击"下一步"按钮，进入"选择服务器"界面，如图 11.4 所示。

图 11.3 "选择部署方案"界面

图 11.4 "选择服务器"界面

（3）选择服务器，单击"下一步"按钮，进入"确认选择"界面，如图 11.5 所示，勾选"需要时自动重新启动目标服务器"复选框，单击"部署"按钮，进入"查看进度"界面，如图 11.6 所示，安装完成后，单击"关闭"按钮即可。

图 11.5 "确认选择"界面

图 11.6 "查看进度"界面

11.2.2　发布应用程序

利用远程网络可以建立一个安全隔离的移动办公环境，利用 RDS 的 RemoteApp 功能，可以运行远程 RDS 服务器上的应用程序，并将应用程序画面反映到客户端显示屏上。远程登录权限按用户级别分离，允许一般用户访问 RemoteApp 应用，允许高级用户访问 RDS 服务器的桌面。

这里以谷歌公司发布的浏览器为例进行介绍，具体操作步骤如下。

（1）以管理员账户登录域控制器 server-01，打开"服务器管理器"窗口，选择"远程桌面服务"→"集合"→"QuickSessionCollection"选项，如图 11.7 所示，在右侧的"RemoteApp程序"选项组中单击"任务"下拉按钮，在弹出的下拉列表中选择"发布 RemoteApp 程序"选项，打开"发布 RemoteApp 程序"窗口，勾选"双核浏览器"复选框，如图 11.8 所示。

图 11.7　选择"QuickSessionCollection"选项　　　　图 11.8　"发布 RemoteApp 程序"窗口

（2）单击"下一步"按钮，进入"确认"界面，如图 11.9 所示，选择"双核浏览器"选项，单击"发布"按钮，进入"完成"界面，如图 11.10 所示，单击"关闭"按钮，返回"服务器管理器"窗口，如图 11.11 所示，可以看到"双核浏览器"在 RDWeb 访问中是可见的。

图 11.9　"确认"界面　　　　　　　　　　　图 11.10　"完成"界面

图 11.11　"服务器管理器"窗口

11.2.3 在客户端使用 RDWeb 访问 RDS 服务器

配置好 RDS 服务器后，可以在客户端主机（win10-user01）上通过 RDWeb 访问服务器分发的程序，就像访问实际应用程序一样。

1. 访问 RDS 服务器

在客户端主机（win10-user01）上使用 RDWeb 访问 RDS 服务器的具体操作步骤如下。

（1）打开客户端浏览器，在其地址栏中输入 https://192.168.100.100/RDWeb，192.168.100.100 是 RDS 服务器（server-01）的 IP 地址，此时，会弹出"此站点不安全"的警告信息，如图 11.12 所示，单击"转到此网页（不推荐）"链接，继续浏览该网页，连接 RDS 服务器，进入"Work Resources"登录页面，如图 11.13 所示。

图 11.12　警告信息

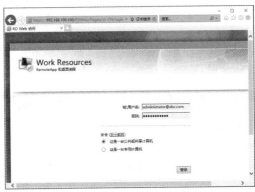

图 11.13　"Work Resources"登录页面

（2）输入域用户名和密码，单击"登录"按钮，进入"Work Resources"资源访问页面，如图 11.14 所示，选择"双核浏览器"图标，打开"正在启动你的应用"窗口，如图 11.15 所示。

图 11.14　"Work Resources"资源访问页面

图 11.15　"正在启动你的应用"窗口

2. 分发程序的权限设置

利用 RDS 的 RemoteApp 功能可以运行远程 RDS 服务器上的应用程序，并将应用程序画面反映到客户端显示屏上，还可以给用户分配不同的远程访问权限。

（1）以管理员账户登录域控制器 server-01，打开"服务器管理器"窗口，选择"工具"→"Active Directory 用户和计算机"命令，打开"Active Directory 用户和计算机"窗口，创建组织单位（RemoteApp User），并创建用户 rds-user01、rds-user02，如图 11.16 所示。

（2）打开"服务器管理器"窗口，选择"远程桌面服务"→"集合"→"QuickSessionCollection"选项，在右侧的"RemoteApp 程序"选项组中选择"计算器"选项并单击鼠标右键，在弹出的快捷菜单中选择"编辑属性"命令，如图 11.17 所示，打开"属性"窗口，选择"用户分配"选项，将计算器的访问权限分配给用户 rds-user01，如图 11.18 所示，单击"确定"按钮。用同样的方法把双核浏览器的访问权限分配给用户 rds-user02，如图 11.19 和图 11.20 所示。

图 11.16　创建组织单位和用户

图 11.17　选择"编辑属性"命令

图 11.18　将计算器的访问权限分配给用户
rds-user01

图 11.19　双核浏览器的"编辑属性"命令

图 11.20　将双核浏览器的访问权限分配给用
户 rds-user02

（3）通过客户端主机（win10-user01）访问 https://192.168.100.100/RDWeb，分别以 rds-user01、rds-user02 两个不同的用户账户进行登录。用户账户 rds-user01 的登录页面如图 11.21 所示，登录成功后的页面如图 11.22 所示，可以看出 rds-user01 可以访问计算器程序；用户账户 rds-user02 的登录页面如图 11.23 所示，登录成功后的页面如图 11.24 所示，可以看出 rds-user02 可以访问双核浏览器程序。

图 11.21　rds-user01 的登录页面

图 11.22　rds-user01 登录成功后的页面

图 11.23　rds-user02 的登录页面

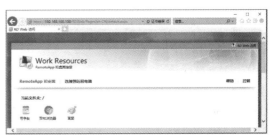

图 11.24　rds-user02 登录成功后的页面

以上操作可以看到搭建的 RemoteApp 的 Web 访问，但是其中有一个问题，客户端访问 Web 的时候提示了证书错误。出现证书错误的原因是当安装完"远程桌面 Web 访问"后默认使用了一张自签名的证书，而这张证书不被任何客户端所信任。要解决这个问题需要申请 CA 证书，并与 RDWeb 的网站进行绑定，具体操作参见 10.2.4 小节，这里不赘述。

V11-3　远程桌面
连接服务器

11.2.4　远程桌面连接服务器

在管理服务器时，通常会选择使用桌面连接服务器，以方便管理员进行管理，具体操作步骤如下。

1. 服务器端配置

（1）以管理员账户登录需要远程管理的服务器，在桌面上选择"此电脑"图标并单击鼠标右键，在弹出的快捷菜单中选择"属性"命令，打开"系统"窗口，如图 11.25 所示。

（2）单击"高级系统设置"链接，弹出"系统属性"对话框，选择"远程"选项卡，如图 11.26 所示，在"远

图 11.25　"系统"窗口

程协助"选项组中，勾选"允许远程协助连接这台计算机"复选框，在"远程桌面"选项组中，单击"允许远程连接到此计算机"单选按钮，勾选"仅允许运行使用网络级别身份验证的远程桌面的计算机连接（建议）"复选框，单击"选择用户"按钮，弹出"远程桌面用户"对话框，选择要远程登录的用户，此处以管理员账户 Administrator 为例进行介绍，如图 11.27 所示。

2. 客户端配置

（1）按"Win+R"组合键，弹出"运行"对话框，输入 mstsc 命令，如图 11.28 所示，单击"确定"按钮，打开"远程桌面连接"窗口，如图 11.29 所示。

图 11.26 "远程"选项卡

图 11.27 "远程桌面用户"对话框

图 11.28 输入 mstsc 命令

图 11.29 "远程桌面连接"窗口

（2）单击"显示选项"按钮，显示"远程桌面连接"窗口的选项卡，如图 11.30 所示，在各选项卡中可以进行相应的操作，在"常规"选项卡中，选择"编辑"选项，弹出"Windows 安全中心"对话框，可以输入登录用户的密码，也可以选择"更多选项"选项，选择以其他用户进行登录，如图 11.31 所示，单击"确定"按钮，返回"远程桌面连接"窗口，输入要连接的计算机，单击"连接"按钮，可以连接到远程服务器，如图 11.32 所示。

图 11.30 "远程桌面连接"窗口的选项卡

图 11.31 "Windows 安全中心"对话框

图 11.32　连接到远程服务器

课后实训

某公司为实现桌面程序虚拟化，需要创建 RDS 服务器，并分发应用程序，其具体要求如下。

（1）使用 https://www.abc.com/RDWeb 访问服务器。

（2）发布一个 Office Word 应用程序，只有公司网络工程部的用户才可以访问该应用程序。

（3）发布一个 Office Excel 应用程序，只有公司财务部的用户才可以访问该应用程序。

（4）从公司任何域计算机访问 RDWeb 时，会弹出无证书警告或者安全提示。

（5）管理员使用远程桌面服务管理 RDS 服务器，完成相关配置与测试。

请按照上述要求做出合适的配置，以检查学习效果。

本章小结

本章包含两节。

11.1　远程桌面服务基础知识，主要讲解远程桌面服务的基础知识、RDS 的组件及其功能等相关理论知识。

11.2　技能实践，主要讲解安装 RDS 服务器角色；发布应用程序；在客户端使用 RDWeb 访问 RDS 服务器，包括访问 RDS 服务器、分发程序的权限设置；远程桌面连接服务器包括服务器端配置、客户端配置等相关知识技能。

课后习题

1. 填空题

（1）RDS 的中文名称是（　　　　）。

（2）RDS 的终端类型主要包含（　　　）、（　　　）、（　　　）。

（3）RDS 包括的组件有（　　　）、（　　　）、（　　　）、（　　　）、（　　　）、（　　　）。

2. 简答题

（1）简述 RDS 终端主要包含的类型。

（2）简述 RDS 的组件及其功能。

（3）简述远程桌面服务的定义与功能。